モデリングと
フィードバック制御
動的システムの解析

古田勝久／畠山省四朗／野中謙一郎──［編著］

東京電機大学出版局

本書の全部または一部を無断で複写複製（コピー）することは，著作権法上での例外を除き，禁じられています．小局は，著者から複写に係る権利の管理につき委託を受けていますので，本書からの複写を希望される場合は，必ず小局（03-5280-3422）宛ご連絡ください．

まえがき

われわれが，ある現象を理解するとは，その現象がどのような場合に起きるか，時間の経過とともにどのような挙動をするか知ることではないだろうか．このような理解は，その現象のモデルを頭の中に作り上げることによって行われる．モデルは，「ある現象があれば，このように現象が続く」といったデータの集まりで記述することもできるであろう．このような表現は簡単ではない．天文学を取り上げると，衛星の挙動ははじめデータで表現されていたが，ケプラーによる面積速度一定の法則により，その挙動の定量的な表現が進んだ．さらにニュートンによる引力の表現と微分方程式により，衛星の挙動が簡単に表現されるようになったばかりか，他の動的な現象の理解までできるようになったことがよく知られている．微分方程式が動的な現象の理解に有効なことは言うまでもない．

工学において取り扱わなくてはならない動的な現象を，微分方程式により表現することは，この現象の理解ばかりか，望ましい挙動をするシステムを作り上げるためにも有効である．この本は，簡単な要素の動的な挙動を理解し表現する手法と，要素の集りによって構成されるシステムの挙動の表現法について述べている．このような動的なシステムを取り扱う工学は，制御工学，システム工学をはじめとして多くある．

本書は6章で構成され，第1章「動的システムとモデリング」では，モデリングとは，抽象化による現象の理解の基礎であることと，微分方程式のような道具を使うことによる有効性，そしてある現象のモデルを使って理解すると，別の現象も理解するのに有効であることを述べる．第2章「システムのモデリング」では，機械系，電気系を微分方程式で表現することによりモデルを作る方法を示し，それが工学の基礎となることを示す．第3章「線形システムの解析」では，線形システムの動的な挙動の解析に有効であるラプラス変換と，それらが組み合

わされたシステムの取り扱いを書いている．第4章「時間応答と周波数応答」では，線形システムの動的な挙動である時間応答と周波数応答を述べている．

　この本は，動的なシステムを取り扱う工学の基礎として書いたものであり，工学部1, 2年生のための数学，あるいはモデリングの授業の教科書として有用と考えている．本来は，東京工業大学制御工学科の動的システム論のために準備したものであり，書くにあたり LaTeX の原稿入力にお手伝いいただいた粟田詠里子さん，原稿を読みタイプミスその他を御指摘下さった東京電機大学の杉木明彦さんに感謝いたします．また，本書出版を企画された東京電機大学出版局に御礼申し上げます．

2001年4月2日

埼玉県鳩山の東京電機大学にて
著者を代表して
古田 勝久

目次

第1章　動的システムとモデリング　　1
- 1.1　はじめに …… 1
- 1.2　微分方程式と安定性 …… 4
- 1.3　動的システム …… 13
- 1.4　位相平面による解析 …… 17
  - 1.4.1　$\dfrac{d}{dt}e^{at}$ の計算 …… 19
  - 1.4.2　$\dfrac{d}{dt}e^{At}$ の計算 …… 21
  - 1.4.3　$e^{j\omega t}$ の性質 …… 22
  - 1.4.4　(1.4.5) の解 (1.4.6) の導出 …… 24
  - 1.4.5　$e = 2.71828$ の計算方法 …… 27
  - 1.4.6　e^{At} の計算法 …… 28

第2章　システムのモデリング　　31
- 2.1　モデリングとは何か …… 31
- 2.2　機械系のモデリング …… 32
  - 2.2.1　ばね-マス-ダッシュポット(スプリング-質量-ダンパ)系 …… 32
  - 2.2.2　ばねと質量 …… 34
  - 2.2.3　ばね-ダッシュポット-質量系 …… 36
  - 2.2.4　ショックアブソーバ …… 37
  - 2.2.5　一端に質量のある棒の回転 …… 39
  - 2.2.6　回転におけるダンパとスプリング …… 41

	2.2.7	スプリング-慣性-ダンパ系	41
2.3	電気回路のモデリング		42
	2.3.1	抵抗，コンデンサ，コイル	42
	2.3.2	抵抗コンデンサ系	43
	2.3.3	抵抗-コイル-コンデンサ系	45
2.4	機械系と電気系のアナロジー		47
	2.4.1	速度-電流相似と速度-電圧相似（アナロジー）...........	47
2.5	その他のシステムのモデリング		55
	2.5.1	直流モータ	55
	2.5.2	倒立振子	55
	2.5.3	Lagrange 方程式を用いたモデリング	57
2.6	オペアンプ		61
	2.6.1	反転／非反転増幅器	61
	2.6.2	加算器	64
	2.6.3	積分器／微分器	65
	2.6.4	ローパスフィルタ	66

第3章 線形システムの解析　　71

3.1	ラプラス変換		71
	3.1.1	オリヴァー・ヘビサイド (Oliver Heviside)	71
	3.1.2	ラプラス変換	73
	3.1.3	簡単な線形微分方程式の解法	81
3.2	線形システムと入出力関係		83
	3.2.1	線形システムとは	83
	3.2.2	インパルス応答と入出力関係	85
	3.2.3	入出力信号のラプラス変換とたたみ込み積分	88
	3.2.4	伝達関数	89
	3.2.5	ブロック線図と実システムの伝達関数	91

3.2.6	1次遅れ系の場合の電気系と機械系のアナロジー	98
3.2.7	2次遅れ系	99
3.2.8	ブロック線図の変形	102
3.2.9	周波数特性	108
3.2.10	システムの状態表現	110
3.2.11	システムの安定性	113

第4章 時間応答と周波数特性　117

4.1 伝達関数と時間応答　117

4.1.1	1次遅れ系の伝達関数と応答	117
4.1.2	2次遅れ系	120
4.1.3	2次振動系	123
4.1.4	零点の影響	129
4.1.5	1次遅れ・むだ時間系	131

4.2 入出力関係と周波数特性　133

4.2.1	周波数特性	133
4.2.2	ベクトル軌跡	138
4.2.3	Bode 線図	141

第5章 安定性とロバスト安定性　155

5.1 システムの安定性　155

5.1.1	線形システムの安定性	155

5.2 Routh の定理　161

5.2.1	Gantmacher による証明	162
5.2.2	Mansour による証明	170

5.3 ロバスト安定性　170

5.3.1	カリトノフの安定理論	170

第6章 フィードバック制御系　175

- 6.1 閉ループ系の安定性 ………………………………… 175
  - 6.1.1 制御系をなぜフィードバックで実現するか？ ………… 175
  - 6.1.2 Nyquist の安定判別 ……………………………… 186
  - 6.1.3 Bode 線図による安定判別 ………………………… 194
- 6.2 フィードバック制御系設計 …………………………… 197
  - 6.2.1 フィードバック制御系の設計指標 ………………… 197
  - 6.2.2 根軌跡法 ………………………………………… 198
  - 6.2.3 Nyquist 線図 …………………………………… 205
  - 6.2.4 Hall 線図 ……………………………………… 208
  - 6.2.5 Bode 線図による閉ループ系設計 ………………… 210
  - 6.2.6 Nicholes Chart ………………………………… 213

参考図書　217
索引　219

第1章

動的システムとモデリング

1.1　はじめに

　動的な現象の理解は，朝には日が昇り，夕方は日がしずみ，1年たつと再び同じ気候になる現象を人間が認識し，将来の気象を予想できたときから始まると考えられる．この動的な現象を理解し利用するために，時計が開発され天文学が研究された．恒星の周囲を回る衛星の動的な性質はケプラーにより示されていたが，本質的な現象の理解は，ニュートンによる万有引力の法則の発見によっている．彼の微分方程式による動的な現象の記述こそ，その現象の数式モデルをつくることであり，このモデルを利用した解析こそが現代の科学技術の出発点になっている．人はこれまで，種々の動的な現象を理解し，動的な人工物をつくってきた．それは蒸気機関あるいは，電気モータ，内燃機関であるエンジンなどの動力を使ったものである．しかし，これらの人工物が本当に役立つものへと改善されていくためには，数式モデルの構築による定量的な理解が必要であった．

　蒸気機関の発明により産業革命が実現された．しかし，この怪力をもつ蒸気機関を安定に運用するためには，負荷が変化しても一定の速度で動くようにしなければならなかった．1768年，ジェームス・ワットは風車の回転速度の調節に使われた回転ボール型の調速器を，蒸気機関の回転速度を一定にするための速度検出と速度調整に用いた．

　この調速器は図1.1に示すようなもので，回転速度が早くなるとき，回転ボールの位置が遠心力で上がる現象を利用している．このボールの位置が上がると，

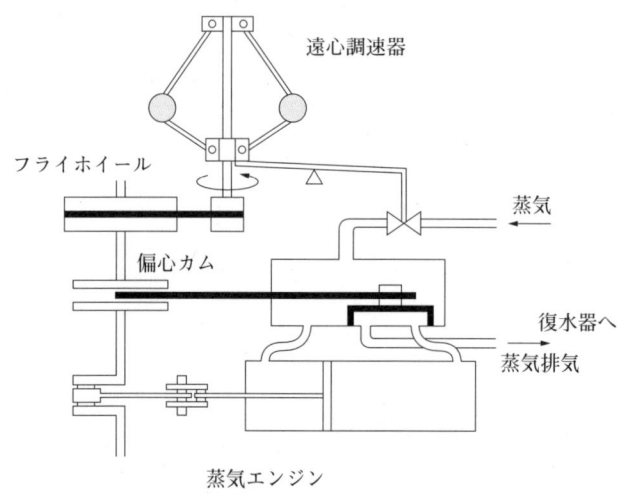

図 1.1 ワットの調速器の原理

バルブが閉って蒸気機関への蒸気量を減少させ，反対にボールの位置が下がると，バルブが開いて蒸気量を増やすように調節して，蒸気機関を一定速度で動かすようにつくられている．

このように多くの構成要素からなり，与えられる機能を満たすものをシステムという．この調速器は望ましい速度を得るように，実際の速度と望ましい速度を比較し，その差に基づき蒸気機関の蒸気を操作している．

ワットが蒸気機関に利用した調速器は，回転速度の制御に非常に有効であった．蒸気機関ばかりか，水車の回転制御にも使われてきた．しかし，ときにはこの調速器をつけた蒸気機関や水車は，回転速度を一定にするどころか振動的になった．

この現象を理解するために，調速器をもつ蒸気機関の動的な挙動を数式モデルを用いて解析することを考えたのが，Maxwell である．彼は物理法則を利用して蒸気機関の動的な挙動を微分方程式で表現した．その上で，表現された数式モデルを解析し，そのモデルが望ましい特性をもつための条件を求め，実際の機械を取り扱うことなく，機械の挙動を改善する方法を与えた．

1.1 はじめに

すなわち，数式モデルという取り扱いやすい対象を構築し，それに対して解析を行った．その解析はまた，望ましい挙動をする動的な機械をつくるための指針を与えた．このように制御系の安定性の研究は，動的システムに望ましい動きをさせるために，数式モデルを用いて解析することから始まった．

モデルとは，実物の代わりになる，取り扱いの容易な対象のことであるが，取り扱う目的により，当然モデルも異なる．人は何かを理解しようとするときには，理解しやすいモデルを頭の中に組み立てている．自動車を例にとれば，デザイナーにとっては，形が同じ模型がモデルであるし，ドライバーにとっては，同じ操縦特性をもつシミュレータがモデルである．しかし，機能を設計するものにとってはそれらを定量的に表現したモデルが必要になる．このような機能を定量的に表現した数式モデルこそ，実物を解析・設計する技術者にとって必要なものである．

本書は，動的なシステムを制御することを目的として，解析・設計を行う技術者のために，動的な物理システムの数式モデルをつくる方法を述べたものである．

コラム：高校物理で学んだ，ニュートンの法則とキルヒホッフの法則を述べておく．

■ニュートンの運動の3法則
 (1) 慣性の法則：物体は外部からの作用を受けないかぎり，現在の運動状態を保持する．
 (2) 運動方程式：運動量の変化量とその方向は，外力に比例する．
 (3) 作用・反作用の法則：力の作用とそれから生じる反作用は常に逆向きで，大きさは等しい．

■キルヒホッフの法則
 (1) 電流法則：回路の一点に加わる電流の和は0である．すなわち，その点に流れ込む電流の和は，流れ出る電流の和に等しい．
 (2) 電圧法則：閉回路において，各素子にかかる電圧の和は0である．すなわち，回路に加わる電圧は，回路の各素子にかかる電圧の和になっている．

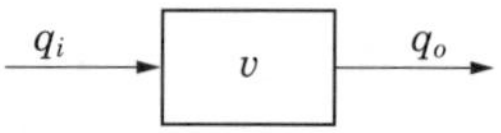

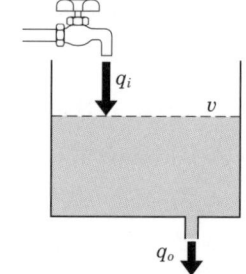

図 1.2　入力 q_i, 出力 q_o, 状態 v のシステム

図 1.3　流入量 q_i [l/sec], 流出量 q_o [l/sec], 貯水量 v [l] のタンク

1.2　微分方程式と安定性

　動的なシステムの挙動は通常，微分方程式を用いて表現される．図 1.2 のように，ある種類の物が単位時間あたり，q_i 入り q_o 出るシステムを考える．図 1.2 のシステムのもっとも簡単な例として，図 1.3 に示す貯水タンクがあげられる．タンクへの流入量が q_i [l/sec]，タンクからの流出量が q_o [l/sec]，現在の貯水量を v [l] と考えればよい．

　このとき，dt 時間にシステムにたまる水量 $dv = v(t+dt) - v(t)$ は次のように表せる（図 1.4）．

$$dv \approx (q_i - q_o)dt \tag{1.2.1}$$

経過時間 dt を十分に小さいものとすれば，このシステムは次のような微分方程式で表せる．

$$\frac{dv}{dt} = q_i - q_o \tag{1.2.2}$$

　この量 v が[*1]，生物の数であるならば，q_i は単位時間に生まれる個体の数であり，q_o は単位時間に死亡する個体の数である．出生率を α，死亡率を β とすると

[*1]　$v(t)$ の時間 t における時間微分は次のように定義される．

$$\frac{d}{dt}v = \lim_{\Delta \to 0} \frac{v(t+\Delta) - v(t)}{\Delta} \tag{1.2.3}$$

1.2 微分方程式と安定性

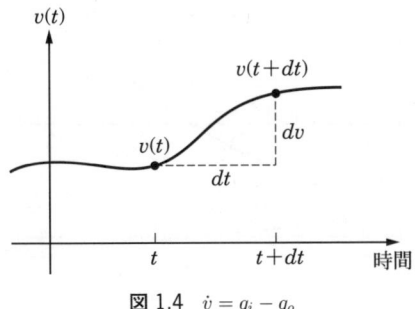

図 1.4 $\dot{v} = q_i - q_o$

$q_i = \alpha v$, $q_o = \beta v$ となるので，前の式は

$$\frac{dv}{dt} = (\alpha - \beta)v \tag{1.2.4}$$

この微分方程式は次のような解をもつ[*2]．

$$v(t) = e^{(\alpha-\beta)t}v(0) \tag{1.2.5}$$

これは，e^{at} の微分が次のように与えられることから導かれる．

$$\frac{d}{dt}e^{at} = ae^{at} \tag{1.2.6}$$

なぜなら，$-\infty < t < \infty$ においてテーラー展開により

$$e^{at} = 1 + at + \frac{1}{2!}a^2t^2 + \frac{1}{3!}a^3t^3 + \cdots \tag{1.2.7}$$

が成立することから，

$$\frac{d}{dt}e^{at} = a + 2\frac{1}{2!}a^2t + 3\frac{1}{3!}a^3t^2 + \cdots = ae^{at} \tag{1.2.8}$$

となるからである．したがって，$v(t)$ の微分は，

$$\frac{d}{dt}v(t) = (\alpha - \beta)e^{(\alpha-\beta)t}v(0) = (\alpha - \beta)v(t) \tag{1.2.9}$$

[*2] e^{at} の定義は次のように与えられる．

$$e^{at} = \lim_{h \to \infty}\left(1 + ah^{-1}\right)^{ht}$$

e^{at} の微分の厳密な証明は 1.4.1 項を参照すること．

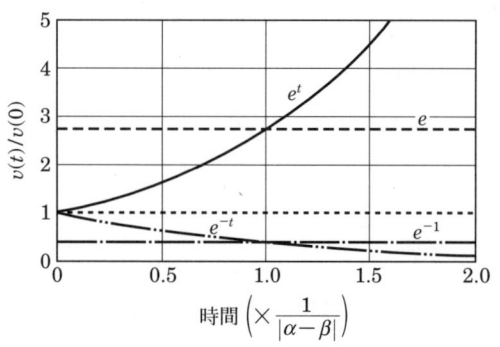

図 1.5　生物の増加・絶滅モデル

となり，(1.2.5) が与えられた微分方程式 (1.2.4) を満足しているからである．

この解 (1.2.5) から，出生率が死亡率を上回る ($\alpha > \beta$) と，$e = 2.71\cdots > 1$ であるから，生物数は急激に増加するが，出生率が死亡率を下回る ($\alpha < \beta$) と減少しはじめ，最終的にはいなくなる ($v \to 0$) [*3]．これは生物絶滅のモデルになる．(1.2.5) について $v(0) \neq 0$ を仮定し，両辺を $v(0)$ で割ると，

$$\frac{v(t)}{v(0)} = e^{(\alpha-\beta)t}$$

横軸を $t/|\alpha - \beta|$，縦軸を $v(t)/v(0)$ としたときのグラフを図 1.5 に示す．微分方程式 (1.2.4) で挙動を理解できる人もいれば，微分方程式の解 (1.2.5) を図 1.5 のように，時間の経過とともに生物の数がどのように変化しているかを表さないと理解できない人もいる．本書では微分方程式を構築し，その具体的な挙動を理解するための基礎を与えることを目標の一つとしている．

次にもう少し複雑な生物のモデルを考えてみよう．ある生物 v が，別の生物 w を食糧としているものとする．単位時間の v の出生数は，食糧 w が豊富なほど高くなるであろうから，生物 w の数に比例させて αw とし，また v の単位時間の死亡数は βv とする．捕食される生物 w は，単位時間の出生死亡数の差を γw，食

[*3]　指数関数の発散や収束の速度は急激である．問題：広げた新聞紙を二つに折ると厚さは 2 倍になる．それでは，100 回折るとどのくらいの厚さになるだろうか？答え：$2^{100} \approx 10^{30}$ 倍の厚さなので，銀河系の直径よりはるかに大きい．それでは新聞を 100 回折ったときの面積はどれくらい小さくなるだろうか？

1.2 微分方程式と安定性

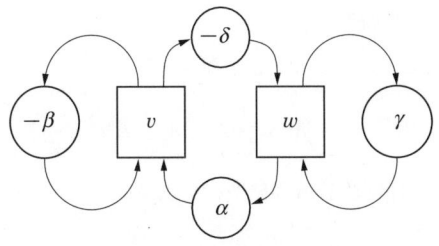

図 1.6 捕食モデル

糧として食べられてしまう単位時間の数を捕食者 v に比例させて δv とする．図 1.6 はこの様子を表している．

このときには次の式が成立する．

$$\frac{dv}{dt} = \alpha w - \beta v \tag{1.2.10}$$

$$\frac{dw}{dt} = \gamma w - \delta v \tag{1.2.11}$$

この式をベクトルを用いて書くと，

$$\frac{d}{dt}\begin{bmatrix} v \\ w \end{bmatrix} = \begin{bmatrix} -\beta & \alpha \\ -\delta & \gamma \end{bmatrix} \begin{bmatrix} v \\ w \end{bmatrix} \tag{1.2.12}$$

この式は，ベクトル x と行列 A：

$$x = \begin{bmatrix} v \\ w \end{bmatrix} \tag{1.2.13}$$

$$A = \begin{bmatrix} -\beta & \alpha \\ -\delta & \gamma \end{bmatrix} \tag{1.2.14}$$

を使って，

$$\frac{d}{dt}x = Ax \tag{1.2.15}$$

と表せる．それではこの微分方程式 (1.2.15) の解を求めることにしよう．

スカラーの微分方程式 (1.2.4) では，その解が (1.2.5) となることは，(1.2.6) によって容易に示すことができた．しかし，(1.2.15) はベクトルの微分方程式なの

で直接解を求めることは難しい．

まずは (1.2.7) と同じように，e^{At} を定義する[*4]．

$$e^{At} = I + At + \frac{1}{2!}A^2 t^2 + \frac{1}{3!}A^3 t^3 + \cdots \tag{1.2.16}$$

これは A の遷移行列と呼ばれる行列値関数である．すると，(1.2.8) と同じように，

$$\frac{d}{dt}e^{At} = Ae^{At} \tag{1.2.17}$$

が成立することを簡単に確かめられる．したがって，

$$x(t) = e^{At} x(0) \tag{1.2.18}$$

は (1.2.15) の解となることを次式のように証明できる．

$$\frac{d}{dt}x(t) = Ae^{At}x(0) = Ax(t)$$

このようにベクトルと行列で表現する方が，数式をまとめてから考えることができるために見通しがよいので，頭の中で考えるモデルとして便利である．この解 (1.2.18) の挙動は A の特性方程式

$$\det(sI - A) = s^2 + (\beta - \gamma)s + \alpha\delta - \beta\gamma = 0 \tag{1.2.19}$$

の根によってきまる．その理由を説明しよう．まず，行列 A の固有値は特性方程式 (1.2.19) の根である．この根を λ_1, λ_2 とし，対応する固有ベクトルを u_1, u_2 とする[*5]と

$$Au_i = \lambda_i u_i \quad (i = 1, 2) \tag{1.2.20}$$

この式から

$$A[u_1 \quad u_2] = [u_1 \quad u_2] \begin{bmatrix} \lambda_1 & 0 \\ 0 & \lambda_2 \end{bmatrix} \tag{1.2.21}$$

を得る．ここで，

$$U = [u_1 \quad u_2] \tag{1.2.22}$$

[*4] 1.4.5 項を参照．
[*5] ここでは $u_1 \neq u_2$ を仮定している．

1.2 微分方程式と安定性

を定義して，(1.2.21) を

$$AU = U \begin{bmatrix} \lambda_1 & 0 \\ 0 & \lambda_2 \end{bmatrix} \quad (1.2.23)$$

と表しておこう．そしてベクトル x について，

$$x = Uy \quad (1.2.24)$$

によって新しいベクトル

$$y = \begin{bmatrix} y_1 \\ y_2 \end{bmatrix}$$

を定義して (1.2.24) を (1.2.15) に代入し，左から U^{-1} をかけると，(1.2.21) により

$$\frac{d}{dt}\begin{bmatrix} y_1 \\ y_2 \end{bmatrix} = \begin{bmatrix} \lambda_1 & 0 \\ 0 & \lambda_2 \end{bmatrix}\begin{bmatrix} y_1 \\ y_2 \end{bmatrix} \quad (1.2.25)$$

となる．システムの挙動は，

$$\dot{y}_i = \lambda_i y_i$$

すなわち

$$y_i = e^{\lambda_i t} y_i(0) \quad (i = 1, 2) \quad (1.2.26)$$

によって決まる．そして (1.2.24) により，

$$x = e^{\lambda_1 t} y_1(0)\, u_1 + e^{\lambda_2 t} y_2(0)\, u_2 \quad (1.2.27)$$

つまり，特性方程式の根 λ_i $(i=1,2)$ が状態 x の挙動を決めている[*6]．(1.2.19) について，もし

$$\alpha\delta - \beta\gamma > 0 \quad (1.2.28)$$

かつ

$$\beta > \gamma \quad (1.2.29)$$

[*6] λ_i, u_i が複素数の場合には，y_i も複素数になる．

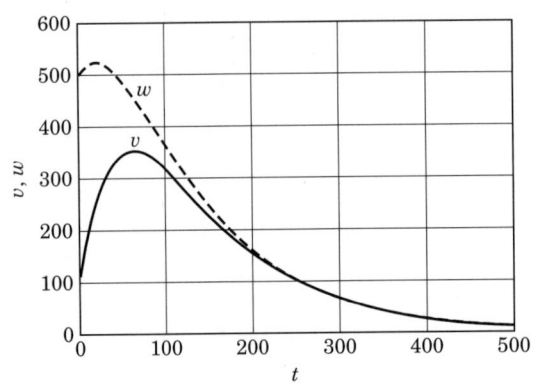

図 1.7 生物絶滅モデル

なら,特性方程式の根 λ_i の実部は負である[*7]ので,$y_i \to 0$,すなわち $x \to 0$ となり,v, w はともに絶滅する.

$v(0) = 100, w(0) = 500$ について,$\alpha = 0.03, \beta = 0.04, \gamma = 0.01, \delta = 0.02$ としたときの絶滅のシミュレーションの様子を図 1.7 に示す.はじめは v の数が少ないので,w は増加する.w が多いので v もまた増加するが,v が増えすぎると w は減少し,食糧の w が減少すると v もまた減少する.両者ともに捕食関係がつり合ったまま減少していくので終りには絶滅する.

それでは生物 v の寿命をのばし,単位時間の死亡率 β を少し小さくして,生物 w の出生率 γ と同じ,$\alpha = 0.03, \beta = 0.01, \gamma = 0.01, \delta = 0.02$ としてみよう.$\alpha\delta - \beta\gamma > 0, \beta = \gamma$ なので,(1.2.19) は二つの複素根をもつことになる.そのシミュレーション結果を図 1.8 に示す.このように,v, w の個体数は w が増えるとそれを追って v が増加し,v が増加すると食糧の w が減少して,結果として v も減少する.そして v が減少すると w が増加するというサイクルをくり返すこ

[*7] 2次方程式の解の公式より
$$s^2 + (\beta - \gamma)s + \alpha\delta - \beta\gamma = 0$$
の根は
$$\lambda = \frac{-(\beta - \gamma) \pm \sqrt{(\beta - \gamma)^2 - 4(\alpha\delta - \beta\gamma)}}{2}$$
で与えられる.

1.2 微分方程式と安定性

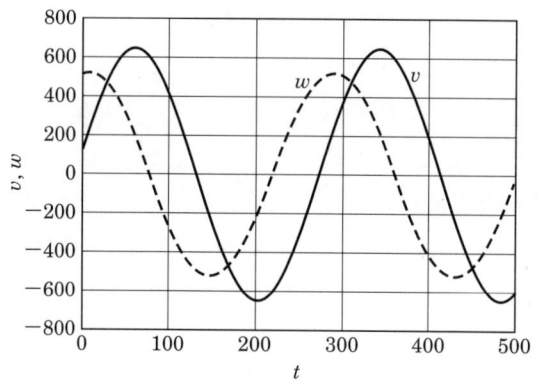

図 1.8 $\beta = \gamma$ の場合

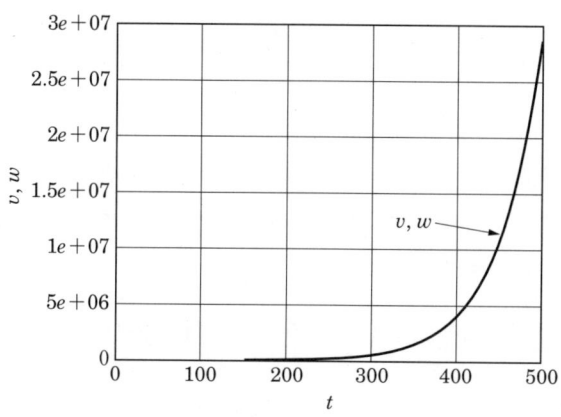

図 1.9 $\beta < \gamma$ の場合

とになる．ここで注意しなければならないのは，v, w が負になっていることである．生物の数は当然 0 以上なので，本当ならともに絶滅してしまうのだが，いま便宜上，負の生物数を認めれば，このような振動減少が観察できる．

最後に，生物 w の出生率 γ を高めてやり，$\alpha = 0.03, \beta = 0.01, \gamma = 0.04, \delta = 0.02$ としてみよう．この場合に (1.2.19) は二つの正根をもつ．すると図 1.9 に示すように，w は v に食べられ尽くすより速く永遠に繁殖し，それに伴って v も限りな

くものすごい勢いで繁殖することになる．このように，生物が繁殖するのか絶滅するのかを特性方程式 (1.2.19) の根の実部によって判断できる．

生物の場合は，絶滅して個体数が 0 になっていくのは悲しいことであるが，ガバナーなどの適当な機器装置の状態について考えることにすれば，状態が減少していくことは，動きが収まっていくということになり，好ましい場合が多い．先の例のように v, w が減少して 0 になる条件は，A の固有値の実部が負になることであることである．この条件は，A の次元が大きくなっても同じである．すなわち，特性方程式が

$$f(s) = \det(sI - A) = \alpha_0 s^n + \alpha_1 s^{n-1} + \cdots + \alpha_n \qquad (1.2.30)$$

で記述される多項式であるとき，この 0 が右複素平面にあると線形システムが不安定になることを Maxwell が示した．彼は論文[2)]で次の様に述べている．

....,becomes an oscillating and jerking motion, increasing in violence till it reaches the limit of action of the governor. This takes place when the possible part of one of impossible roots becomes positive. The mathematical investigation of the motion may be rendered practically useful by pointing out the remedy for these disturbances. [*8]

... 振動的な運動になり，調速器の限界まで振動が強烈になる．このようなことは，（特性方程式の）複素根の実部が正であるときに起こる．調速器の運動の数学的な検討はこのような騒乱に対する処置法を指摘することにより，実用的に有効になる．

この多項式の係数からその根の実部が正であるかどうかを調べる方法を開発することの有用性を Maxwell が示した．特性方程式の実部が負の根の個数を係数から求めることは Maxwell によって 3 次までは必要十分条件が，5 次は必要条件が求められた．

一般的な安定性の問題は，Maxwell により 1875 年の Adams 賞の問題 "安定性

[*8] 複素数を impossible number 実数を possible number といっているのが面白い．

の評価について，The criterion of dynamical stability" となった．1876 年に Routh[4] は，"運動の状態の安定性に関する研究，A treatise on the stability of a given state of motion" により Adams 賞を得た[*9]．Routh の方法により，特性方程式からシステムが安定かどうかを簡単に調べられるようになったわけで，制御理論への貢献が大きい．

1.3　動的システム

　システムとは，「ある目的を達成するように機能する，互いに作用し合う要素の集合」であるといわれる．システムキッチンは，流し・グリルなどの要素からなる台所がその機能を発揮しているシステムである．このシステムは静的である．
　たとえば，グリルのスイッチを押すとすぐにグリルの火だけが点火し，流しの蛇口をひねると水が流れたりと，指示（入力）したそのままの状態を保持するからである．このような静的なシステムに対し，ラジオのようにアンプ，チューナ，スピーカからなるものもある．ラジオはアンテナで受信したいろいろな放送局の電波から，チューナーで聞きたい放送局の周波数帯の信号だけをとりだし，アンプで増幅している．受信する電波信号は時間の関数であるが，現在だけでなく過去の信号も参考にすることによって，特定の周波数帯の信号をとりだして増幅しているので，このラジオというシステムは動的なシステムであるといえる．
　このシステムの中の測定できる変数のうち，自由に変化できる独立変数を入力といい，結果として現れる従属変数を出力という．図 1.2 のように，システムは入力と出力をもつ箱で表す．制御においてはシステムの入力出力という量の情報的な側面に注目する．蒸気機関の回転速度は物理的な量であり，これをパワーとして利用するわけであるが，システム的には情報として取り扱う．"フィードバック制御系は，目標値を入力とし，制御量を出力とし，調節計，アクチュエータ，プラント (制御対象)，センサーを構成要素とするシステム" であることがわ

[*9] Edward John Routh は 1831 年 1 月 20 日カナダケベックで生まれた．1854 年ケンブリッジ大学を卒業のときは数学の最優秀賞 Senior Wrangler を得た．Maxwell は 2 番であった．

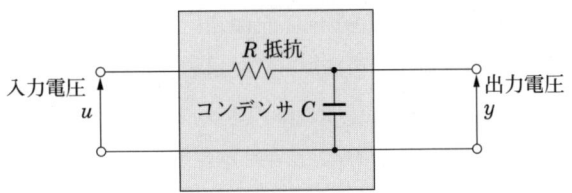

図 1.10 抵抗-コンデンサ電気回路

かる．自動車がシステムであることはいうまでもない．その要素は，エンジン，ボディ，サスペンションなどからなる．これらの要素もシステムであるが，このように構成要素自身もシステムとなっているときは，それらはサブシステムと呼ばれる．

簡単なシステムを通して具体的にその仕組みを論じてみよう．図 1.10 に示すような電気回路システムの例を考える．これは，抵抗，コンデンサという要素からなっており，電流を通じ，互いに作用し合っている．入力として加える電圧をとれば，その結果として，電流，他の端子間の電圧が変化する．これらの中でシステムの外から測定できるものが，出力である．この場合，抵抗 R 〔Ω〕に流れる電流を i 〔A〕とすると，入力電圧 u 〔V〕は抵抗にかかる電圧 Ri 〔V〕と，出力電圧であるコンデンサにかかる電圧 y 〔V〕の和であるから

$$u = Ri + y \tag{1.3.1}$$

また，コンデンサには単位時間当り i の電荷が流れ込むから，

$$y = \frac{1}{C} \int^{t} i\,dt \tag{1.3.2}$$

なる関係が成り立つ．すなわち，(1.3.2) の y を微分して得られる

$$i = C\dot{y}$$

を (1.3.1) に代入すると，入力電圧 u と出力電圧 y は次のような関係がある．

$$u = RC\dot{y} + y \tag{1.3.3}$$

機械系の例としては，ばね（スプリング），ダッシュポット（ダンパともいう）

1.3 動的システム

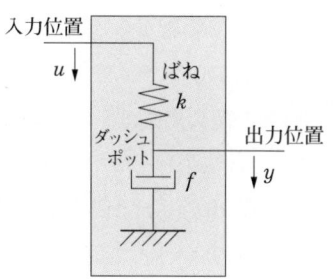

図 1.11　ばね-ダッシュポット系

を要素にしたものがある．これらのくわしい機能の説明は，次の章にゆずることにする．ただ，ダッシュポットは，位置を変化させるとき，変化速度に比例した力が必要な機構と考える．ここで，図 1.11 の例で示す u の位置を動かすことができれば，これを入力にとる．その結果，起こる運動により，y の位置が変化する．これを出力とする．

この場合の入力の位置変化 u に対して出力位置変化 y が生ずると，ばねに $k(u-y)$ の力がかかる．これは，ダッシュポットを $\dot{y}$ の速度で変化させる力に等しいから，次式が成り立つ．

$$k(u-y) = f\dot{y} \tag{1.3.4}$$

より

$$u = \frac{f}{k}\dot{y} + y \tag{1.3.5}$$

のように表せる．(1.3.3) と比較すると，まったく同じ形をしている．もし入力 u，出力 y が，メータのような測定器によって測定された値だけが示されるなら，われわれは，物理量としての性質を考えないで，それらの測定値の情報だけを考える．このような場合に，もし

$$RC = \frac{f}{k}$$

なら，入力 u を与えるとき，システムがどのような物理的な要素から構成されるかという内部の様子に変わりなく，情報的には同じ出力 y が与えられる．制御システムでは通常情報としての入力出力信号とそれらの変換機能をもつものとして

システムが考えられる．どのような要素から構成されているかはわからないが，入出力だけが測定できるとき，そのシステムをブラックボックスと呼ぶ[*10]．

システムの入力，出力が時間の関数であるとき，$u(t), y(t)$ と表そう．$y(t)$ が現在の時間 t における入力 $u(t)$ だけに依存しているときに，システムは静的であるという．これに対して，現在の出力 $y(t)$ が過去の入力 $\{u(\tau), \tau \leq t\}$ に依存するときに，システムは動的であるという．ここでは，入力が原因となり出力が結果となるために，因果性を満たしている[*11]．逆に現在の出力 $y(t)$ が将来の入力 $\{u(\tau), \tau \geq t\}$ に依存する場合も想像ではつくれるが，システムは因果性を満たさず通常は存在しないので，考える必要がない．なぜなら，通常の物理システムでは，入力を加える前に出力は出ないからである．前の電気回路と，機械系の例は

$$T \stackrel{d}{=} RC = \frac{f}{k} \tag{1.3.6}$$

と，T を定義することにすると，同じ微分方程式

$$\dot{y} = -\frac{1}{T}y + \frac{1}{T}u \tag{1.3.7}$$

で表すことのできる動的なシステムである．(1.3.7) は，初めの出力 y が 0 のとき，入力 u が階段状に 0 から 1 に変化すると，出力 y は，始め 0 であるが時間が経つにつれてだんだん大きな値をとり，y は $u = 1$ に漸近する．$T = 0.5, 1.0, 2.0$ のときのグラフを図 1.12 に示す．T が小さいほど，その収束の速度は速くなる．この T は時定数と呼ばれる．

図 1.10 の抵抗-コンデンサ電気回路系なら，u に電圧が生じると抵抗 R によって抵抗を受けながら電流が流れてコンデンサ C に電荷がたまり，最終的にコンデンサ間の電圧 y が u と等しくなることを示している．図 1.11 のばね-ダッシュポット系なら，入力位置 u が動くと，ダッシュポット f によって動きをゆるめられながらもばね k の作用によって，出力位置 y が u と同じだけ動くことを示している．

[*10] 内部の振る舞いもわかるとき，ホワイトボックスという場合がある．
[*11] 因果性とは原因が結果より時間的に先行することであり，われわれの回りのシステムは，すべて因果的なシステムである．

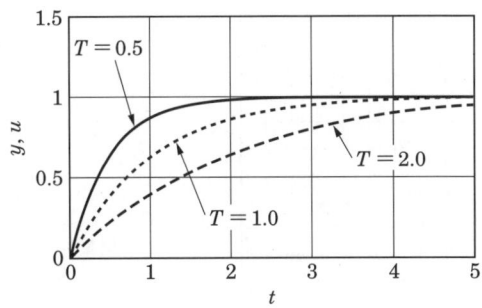

図 1.12　動的システムのステップ応答の一例

　この例でわかるように，入力が加えられてから，出力の応答が現れ，定常状態に達するまでに時間がかかっている．静的なシステムでは，入力に対して，出力の応答はすぐ応答して，時間的な挙動を考慮する必要がないが，動的なシステムでは出力の応答の挙動は，入出力関係を表すシステムの動特性によって決まる．

1.4　位相平面による解析

　(1.2.12)のような2次のシステムの挙動を，時間の経過とともに見る代わりに，v, w をそれぞれ平面の横軸，縦軸と考えるときに，どのような挙動を示すか，平面上に軌跡として描くこともできる．このときに

$$\frac{d}{dt}\begin{bmatrix} v \\ w \end{bmatrix} \tag{1.4.1}$$

は平面上の各点 (v, w) の動きの速度と方向を表している．この速度変化の方向を表したものをベクトルフィールドという．図 1.13 に一例を示す．この平面上の一点から出発した軌道が，原点に収束するときに，この初期状態は安定であるという．

　図 1.14 で示すように，質量とばねが結合したシステムを考える．このときに質量 m のつり合いの位置からの変化を y とし，ばね定数を k とすると

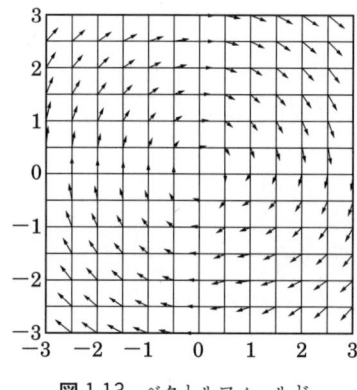

図 1.13　ベクトルフィールド

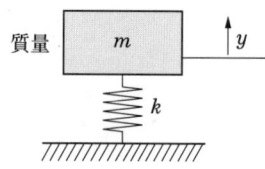

図 1.14　質量-ばねシステム

$$m\frac{d^2}{dt^2}y = -ky \tag{1.4.2}$$

このときに

$$x_1 = y \tag{1.4.3}$$
$$x_2 = \frac{d}{dt}y \tag{1.4.4}$$

として，

$$\kappa = \frac{k}{m}$$

と κ を定義すると，(1.4.2) は

$$\frac{d}{dt}\begin{bmatrix} x_1 \\ x_2 \end{bmatrix} = \begin{bmatrix} 0 & 1 \\ -\kappa & 0 \end{bmatrix}\begin{bmatrix} x_1 \\ x_2 \end{bmatrix} \tag{1.4.5}$$

のように記述できる．図 1.13 のベクトルフィールドは，(1.4.5) で $\kappa = 1$ としたときのものである．この例のように，横軸を y，縦軸を $\dot{y}$ とした，2次元の特別なベクトルフィールドのことを，特に位相平面と呼ぶ．

簡単な計算のあとに[*12]，(1.4.5) の解は次のように表せる．

[*12]　24 ページの 1.4.4 項を参照．

1.4 位相平面による解析

$$x(t) = \begin{bmatrix} x_1(t) \\ x_2(t) \end{bmatrix} = \begin{bmatrix} \cos\sqrt{\kappa}t & \dfrac{\sin\sqrt{\kappa}t}{\sqrt{\kappa}} \\ -\sqrt{\kappa}\sin\sqrt{\kappa}t & \cos\sqrt{\kappa}t \end{bmatrix} x(0) \tag{1.4.6}$$

したがって，初期条件

$$x(0) = \begin{bmatrix} x_1(0) \\ 0 \end{bmatrix} \tag{1.4.7}$$

に対する解は

$$y = x_1 = x_1(0)\cos\sqrt{\kappa}t \tag{1.4.8}$$

で与えられ，そのときの解は周期関数である．$x_1(0) = 1$，$\kappa = 0.5, \kappa = 2.0$ としたときの，y と $\dot{y}$ のグラフを図 1.15 と図 1.16 に示す．これを，横軸が変位 y，縦軸が速度 $\dot{y}$ である位相平面上で描くと図 1.17，1.18 に示す楕円軌道になる．

1.4.1 $\dfrac{d}{dt}e^{at}$ の計算

ここでは，

$$\frac{d}{dt}e^{at} = ae^{at} \tag{1.4.9}$$

を確かめる．$a = 0$ なら $e^{at} = 1$ なので，成立するのは明らかである．そこで，以下では $a \neq 0$ を仮定する．

まず e の定義を確認しておこう．e は次の式で定義される．

$$e = \lim_{n \to \infty}\left(1 + \frac{1}{n}\right)^n \tag{1.4.10}$$

右辺の極限は，自然数ではなく実数 $h > 0$ の場合でも同じになる[*13]．

$$e = \lim_{h \to \infty}\left(1 + \frac{1}{h}\right)^h \tag{1.4.11}$$

さて e^{at} は次のようにおける．

$$e^{at} = \left(\lim_{h \to \infty}\left(1 + \frac{1}{h}\right)^h\right)^{at} = \lim_{h \to \infty}\left(1 + \frac{1}{h}\right)^{hat} = \lim_{h \to \infty}\left(1 + \frac{a}{h}\right)^{ht}$$

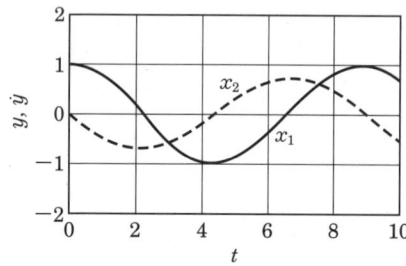

図 1.15　$y(=x_1)$, $\dot{y}(=x_2)$ の時間変化

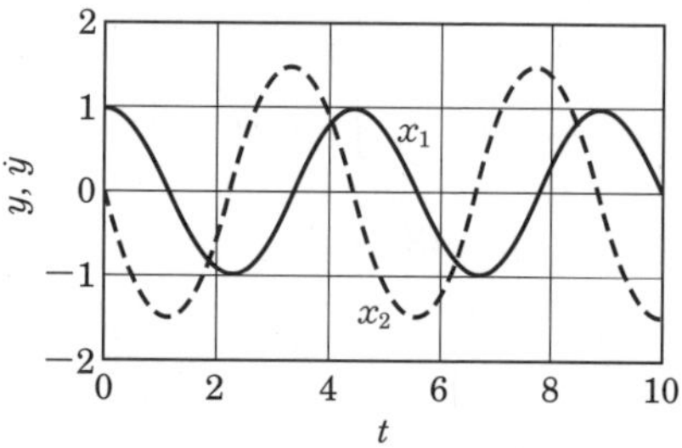

図 1.16　$y(=x_1)$, $\dot{y}(=x_2)$ の時間変化

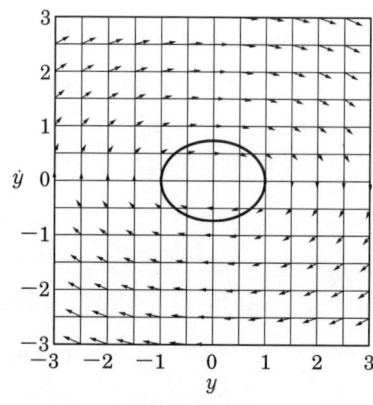
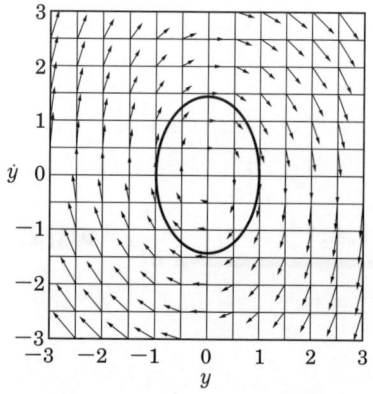

図 1.17　$\kappa = 0.5$ の場合の位相平面

図 1.18　$\kappa = 2$ の場合の位相平面

ここで 3 番目の等号は ha を h に置き換えることによって成立する．すると，

$$\frac{d}{dt}e^{at} = \lim_{\delta \to 0}\frac{\lim_{h\to\infty}\left(\left(1+ah^{-1}\right)^{h(t+\delta)} - \left(1+ah^{-1}\right)^{ht}\right)}{\delta}$$

[*13] (1.4.11) が成立することは次のようにして示される．$n \leq x < n+1$ を満たす自然数 n に対して，

$$\left(1+\frac{1}{n+1}\right)^n < \left(1+\frac{1}{x}\right)^x < \left(1+\frac{1}{n}\right)^{n+1}$$

が成立する．この不等式の第 1 辺と第 3 辺は，

$$\left(1+\frac{1}{n+1}\right)^n = \left(1+\frac{1}{n+1}\right)^{n+1} \cdot \left(1+\frac{1}{n+1}\right)^{-1}, \quad \left(1+\frac{1}{n}\right)^{n+1} = \left(1+\frac{1}{n}\right)^n \cdot \left(1+\frac{1}{n}\right)$$

となるので，$n \to \infty$ で e に収束することから (1.4.11) は簡単に証明できる．

1.4 位相平面による解析

$$
\begin{aligned}
&= e^{at} \lim_{\delta \to 0} \frac{\lim_{h \to \infty}\left((1+ah^{-1})^{h\delta} - 1\right)}{\delta} \\
&= e^{at} \lim_{\delta \to 0} \frac{e^{a\delta} - 1}{\delta}
\end{aligned}
\tag{1.4.12}
$$

ところで

$$e^{a\delta} = 1 + a\Delta^{-1}$$

とおくなら，これは $\delta \to 0$ のときに $\Delta \to \infty$ であり

$$a\delta = \ln\left(1 + a\Delta^{-1}\right)$$

であるから，$a \neq 0$ のときに (1.4.12) について

$$
\begin{aligned}
\frac{d}{dt}e^{at} &= e^{at} \lim_{\Delta \to \infty} \frac{1+a\Delta^{-1}-1}{\ln(1+a\Delta^{-1})/a} \\
&= e^{at} \lim_{\Delta \to \infty} \frac{a\Delta^{-1}}{a^{-1}\ln(1+a\Delta^{-1})} \\
&= e^{at} \lim_{\Delta \to \infty} \frac{a}{\ln\left(1+a\Delta^{-1}\right)^{(\Delta/a)}} \\
&= ae^{at} \lim_{q \to \infty} \frac{1}{\ln\left(1+q^{-1}\right)^q} \\
&= ae^{at}
\end{aligned}
$$

を得る．

1.4.2 $\dfrac{d}{dt}e^{At}$ の計算

まず，行列値関数 e^A を定義する．A がスカラの場合と同様に

$$e^{At} = \lim_{h \to \infty}\left(I + Ah^{-1}\right)^{ht} \tag{1.4.13}$$

とおく．続いて，$\frac{d}{dt}e^{At}$ の計算が

$$\frac{d}{dt}e^{At} = Ae^{At} \tag{1.4.14}$$

であることを A が正則の場合について確かめよう．微分の定義から

$$\frac{d}{dt}e^{At} = \lim_{\delta \to 0}\frac{\lim_{h \to \infty}\left(\left(I+Ah^{-1}\right)^{h(t+\delta)} - \left(I+Ah^{-1}\right)^{ht}\right)}{\delta}$$
$$= \lim_{\delta \to 0}\frac{\lim_{h \to \infty}\left(I+Ah^{-1}\right)^{h\delta} - I}{\delta} \cdot e^{At} \quad (1.4.15)$$

ここで，

$$e^{A\delta} = \left(I + A\Delta^{-1}\right) \quad (1.4.16)$$

とおくと，

$$A\delta = \ln\left(I + A\Delta^{-1}\right)$$

$\ln$ は任意の行列 A に対して $\ln(e^A) = A$ を満たす行列値関数である．これより，

$$\delta^{-1}I = A\left(\ln\left(I + A\Delta^{-1}\right)\right)^{-1} \quad (1.4.17)$$

$\delta \to 0$ のときに $\Delta \to \infty$ であることに注意して，(1.4.13)，(1.4.16)，(1.4.17) を用いると，

$$\lim_{\delta \to 0}\frac{\left(I+Ah^{-1}\right)^{h\delta} - I}{\delta} = \lim_{\Delta \to \infty}\left(\left(I+A\Delta^{-1}\right) - I\right)A\left(\ln\left(I + A\Delta^{-1}\right)\right)^{-1} = A$$

となるので，(1.4.15) について

$$\frac{d}{dt}e^{At} = Ae^{At}$$

が証明される．

1.4.3　$e^{j\omega t}$ の性質

以下で，j は

$$j^2 = -1 \quad (1.4.18)$$

を表す虚数単位の記号であるとする．$e^{j\omega t}$ の性質をまとめておこう．

1.4 位相平面による解析

(1) $e^{j\omega t}$ は微分方程式

$$\frac{d}{dt}e^{j\omega t} = j\omega e^{j\omega t}, \qquad e^0 = 1 \tag{1.4.19}$$

の解である．これは (1.4.9) より明らかである．

(2) オイラーの等式：

$$e^{j\omega t} = \cos\omega t + j\sin\omega t \tag{1.4.20}$$

が成立する．左辺の微分は $j\omega e^{j\omega t}$ であり，右辺の微分は，

$$\frac{d}{dt}(\cos\omega t + j\sin\omega t) = -\omega\sin\omega t + j\omega\cos\omega t = j\omega(\cos\omega t + j\sin\omega t) \tag{1.4.21}$$

であるから，$\cos\omega t + j\sin\omega t$ は (1.4.19) の解であり，初期値も $e^{j\omega t}$ と等しいので (1.4.20) が成立する．

(3) 複素平面上での大きさは 1

$$|e^{j\omega t}| = \sqrt{\cos^2\omega t + \sin^2\omega t} = 1$$

(4) 複素平面上での実軸からの角度は ωt

$$\angle e^{j\omega t} = \tan^{-1}\frac{\sin\omega t}{\cos\omega t} = \omega t$$

$e^{j\omega t}$ は性質 3 と 4 より，図 1.19 に示す，複素平面上の原点を中心とした単位円上で実軸との角度が ωt の点を表している．

性質 1 のオイラーの等式 (1.4.20) は導出しておこう．無限回微分可能な関数 $f(t)$ は，$t=0$ におけるテイラー級数展開によって，次のように記述できる．

$$f(t) = f(0) + f^{(1)}(0)t + \frac{1}{2!}f^{(2)}(0)t^2 + \frac{1}{3!}f^{(3)}(0)t^3 + \cdots \tag{1.4.22}$$

これより，

$$e^{at} = 1 + at + \frac{1}{2!}(at)^2 + \frac{1}{3!}(at)^3 + \cdots \tag{1.4.23}$$

$$e^{j\omega t} = 1 + j\omega t - \frac{1}{2!}(\omega t)^2 - \frac{1}{3!}j(\omega t)^3 + \cdots \tag{1.4.24}$$

$$e^{-j\omega t} = 1 - j\omega t - \frac{1}{2!}(\omega t)^2 + \frac{1}{3!}j(\omega t)^3 + \cdots \tag{1.4.25}$$

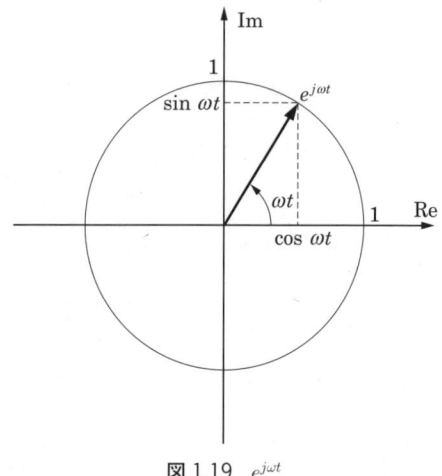

図 1.19 $e^{j\omega t}$

$$\cos\omega t = 1 \quad -\frac{1}{2!}(\omega t)^2 \quad +\cdots \tag{1.4.26}$$

$$\sin\omega t = \quad \omega t \quad -\frac{1}{3!}(\omega t)^3 +\cdots \tag{1.4.27}$$

したがって,

$$\cos\omega t = \frac{e^{j\omega t} + e^{-j\omega t}}{2} \tag{1.4.28}$$

$$\sin\omega t = \frac{e^{j\omega t} - e^{-j\omega t}}{2j} \tag{1.4.29}$$

の関係より,オイラーの等式

$$e^{j\omega t} = \cos\omega t + j\sin\omega t \tag{1.4.20}$$

を得ることもできる.逆に (1.4.20) から,(1.4.28) と (1.4.29) を導ける.

1.4.4 (1.4.5) の解 (1.4.6) の導出

(1.4.5) すなわち

1.4 位相平面による解析

$$\frac{d}{dt}\begin{bmatrix} x_1 \\ x_2 \end{bmatrix} = \begin{bmatrix} 0 & 1 \\ -\kappa & 0 \end{bmatrix} \begin{bmatrix} x_1 \\ x_2 \end{bmatrix} \tag{1.4.5}$$

の解 (1.4.6)

$$x(t) = \begin{bmatrix} x_1 \\ x_2 \end{bmatrix} = \begin{bmatrix} \cos\sqrt{\kappa}t & \dfrac{\sin\sqrt{\kappa}t}{\sqrt{\kappa}} \\ -\sqrt{\kappa}\sin\sqrt{\kappa}t & \cos\sqrt{\kappa}t \end{bmatrix} x(0) \tag{1.4.6}$$

を (1.2.6) から (1.2.27) への手順にしたがって求めよう.

まず, 行列 A

$$A = \begin{bmatrix} 0 & 1 \\ -\kappa & 0 \end{bmatrix} \tag{1.4.30}$$

の固有値 λ_1, λ_2 は

$$\det(\lambda_i I - A) = 0 \quad (i = 1, 2)$$

を解くことによって求まり, 次のようになる.

$$\begin{cases} \lambda_1 = j\sqrt{\kappa} \\ \lambda_2 = -j\sqrt{\kappa} \end{cases} \tag{1.4.31}$$

固有ベクトル u_1, u_2 は

$$Au_i = \lambda_i u_i \quad (i = 1, 2)$$

を解いて, 次のようになる.

$$u_1 = \begin{bmatrix} 1 \\ j\sqrt{\kappa} \end{bmatrix}, \quad u_2 = \begin{bmatrix} 1 \\ -j\sqrt{\kappa} \end{bmatrix} \tag{1.4.32}$$

そこで,

$$x = Uy, \quad U = [u_1, u_2]$$

とおくと, (1.2.25) と同様に,

$$\frac{d}{dt}\begin{bmatrix} y_1 \\ y_2 \end{bmatrix} = \begin{bmatrix} j\sqrt{\kappa} & 0 \\ 0 & -j\sqrt{\kappa} \end{bmatrix} \begin{bmatrix} y_1 \\ y_2 \end{bmatrix} \tag{1.4.33}$$

となる.すると,

$$y_1(t) = e^{j\sqrt{\kappa}t} y_1(0) \tag{1.4.34}$$

$$y_2(t) = e^{-j\sqrt{\kappa}t} y_2(0) \tag{1.4.35}$$

$\omega = \sqrt{\kappa}$ と置き換えることにする.これより,

$$
\begin{aligned}
x(t) &= Uy(t) \\
&= \begin{bmatrix} 1 & 1 \\ j\omega & -j\omega \end{bmatrix} \begin{bmatrix} e^{j\omega t} y_1(0) \\ e^{-j\omega t} y_2(0) \end{bmatrix} \\
&= \begin{bmatrix} 1 & 1 \\ j\omega & -j\omega \end{bmatrix} \begin{bmatrix} e^{j\omega t} & 0 \\ 0 & e^{-j\omega t} \end{bmatrix} \begin{bmatrix} y_1(0) \\ y_2(0) \end{bmatrix} \\
&= \begin{bmatrix} 1 & 1 \\ j\omega & -j\omega \end{bmatrix} \begin{bmatrix} e^{j\omega t} & 0 \\ 0 & e^{-j\omega t} \end{bmatrix} U^{-1} x(0) \\
&= \begin{bmatrix} 1 & 1 \\ j\omega & -j\omega \end{bmatrix} \begin{bmatrix} e^{j\omega t} & 0 \\ 0 & e^{-j\omega t} \end{bmatrix} \begin{bmatrix} 1 & 1 \\ j\omega & -j\omega \end{bmatrix}^{-1} \begin{bmatrix} x_1(0) \\ x_2(0) \end{bmatrix} \\
&= \frac{-1}{2j\omega} \begin{bmatrix} 1 & 1 \\ j\omega & -j\omega \end{bmatrix} \begin{bmatrix} e^{j\omega t} & 0 \\ 0 & e^{-j\omega t} \end{bmatrix} \begin{bmatrix} -j\omega & -1 \\ -j\omega & 1 \end{bmatrix} \begin{bmatrix} x_1(0) \\ x_2(0) \end{bmatrix} \\
&= \frac{-1}{2j\omega} \begin{bmatrix} -j\omega \left(e^{j\omega t} + e^{-j\omega t}\right) & -\left(e^{j\omega t} - e^{-j\omega t}\right) \\ -(j\omega)^2 \left(e^{j\omega t} - e^{-j\omega t}\right) & -j\omega \left(e^{j\omega t} + e^{-j\omega t}\right) \end{bmatrix} \begin{bmatrix} x_1(0) \\ x_2(0) \end{bmatrix}
\end{aligned}
$$

ここで,(1.4.28),(1.4.29) に示した次の関係を用いると

$$\cos \omega t = \frac{e^{j\omega t} + e^{-j\omega t}}{2} \tag{1.4.28}$$

$$\sin \omega t = \frac{e^{j\omega t} - e^{-j\omega t}}{2j} \tag{1.4.29}$$

(1.4.6) に等しい次式を得る.

$$x(t) = \begin{bmatrix} \cos \omega t & \omega^{-1} \sin \omega t \\ -\omega \sin \omega t & \cos \omega t \end{bmatrix} \begin{bmatrix} x_1(0) \\ x_2(0) \end{bmatrix} \tag{1.4.36}$$

1.4.5　$e = 2.71828$ の計算方法

この計算法はいろいろあるが，

$$e = \lim_{n \to 0}(1 + \frac{1}{n})^n \tag{1.4.37}$$

$$e = \lim_{n \to \infty} \sum_{i=0}^{n} \frac{1}{i!} \tag{1.4.38}$$

の2通りで計算する方法がある．第1の方法で，有限の n を使っての計算結果は次のようになり，n が非常に大きくないと決して精度のよい方法ではない．

$$e_5 = (1. + 1./5.)^5 = 2.48832$$

$$e_{10} = (1. + 1./10.)^{10} = 2.59374$$

$$e_{20} = (1. + 1./20.)^{20} = 2.6533$$

$$e_{50} = (1. + 1./50.)^{50} = 2.69159$$

$$e_{100} = (1. + 1./100.)^{100} = 2.70481$$

$$e_{200} = (1. + 1./200.)^{200} = 2.71152$$

$$e_{500} = (1. + 1./500.)^{500} = 2.71557$$

$$e_{1000} = (1. + 1./1000.)^{1000} = 2.71692$$

次に，第2の方法で有限項までを計算する場合について考えてみる．

$$e_n \stackrel{d}{=} \sum_{i=0}^{n} \frac{1}{i!} \tag{1.4.39}$$

$n = 5$ の場合を考える．このとき，第2の方法での計算の値は，2.70833333 であり，$n = 10$ の場合の計算値は 2.71828153 である．この方法は，少ない項で精度の高い計算結果を与えることがわかる．

e^t は，次のように計算される．

$$e^t = \lim_{n \to \infty} \sum_{i=0}^{n} \frac{t^i}{i!} \tag{1.4.40}$$

この級数が収束する t の収束半径は，無限大であり，すべての t で上の計算ができるはずであるが，現実の数値計算では，t が小さくないとなかなか収束しない．

1.4.6　e^{At} の計算法

ついで，A が正方行列の場合に上の遷移行列を計算してみよう．この場合にも，前の小節と同様な次の2通りに計算法がある．この計算法はいろいろあるが，

$$e^{At} = \lim_{n \to \infty} (I + \frac{At}{n})^n \qquad (1.4.41)$$

$$e^{At} = \lim_{n \to \infty} \sum_{i=0}^{n} \frac{(At)^i}{i!} \qquad (1.4.42)$$

がある．これらの計算法を理解するために，次のような簡単な A 行列に対する遷移行列を計算してみよう．

$$A = \begin{bmatrix} 0 & 1 \\ -2 & -3 \end{bmatrix}$$

この遷移行列を，MaTX を使って I を 2×2 の単位行列とし遷移行列 e^{At} を EX と表し，まず第一の方法により $t = 1$ のときを計算する．

$EX = (I + A/10)^{10}$ の計算値は次の通りである．

=== [EX] : (2,2) ===

	(1)	(2)
(1)	$5.89982698E - 01$	$2.41304258E - 01$
(2)	$-4.82608515E - 01$	$-1.33930075E - 01$

$EX = (I + A/100)^{100}$ の計算値は次の通りである．

=== [EX] : (2,2) ===

	(1)	(2)
(1)	$5.99445127E - 01$	$2.33412785E - 01$
(2)	$-4.66825571E - 01$	$-1.00793229E - 01$

ついで，第 2 の方法により，$n = 9$, $n = 18, 19$ の場合，次のように計算する．

$$n = 9$$

═══ [EX] : (2,2) ═══

	(1)	(2)
(1)	$6.00661376E-01$	$2.32782187E-01$
(2)	$-4.65564374E-01$	$-9.76851852E-02$

$$n = 18$$

═══ [EX] : (2,2) ═══

	(1)	(2)
(1)	$6.00423599E-01$	$2.32544158E-01$
(2)	$-4.65088316E-01$	$-9.72088747E-02$

$$n = 19$$

═══ [EX] : (2,2) ═══

	(1)	(2)
(1)	$6.00423599E-01$	$2.32544158E-01$
(2)	$-4.65088316E-01$	$-9.72088747E-02$

$n = 18, 19$ を比較すると，この計算は，十分に収束していることがわかる．第 2 の級数による表現が遷移行列の定義であり，通常この方法で計算されるが，t の値が大きくなるときには，収束が遅くなるために，小さい t/k で計算しその k 乗で，大きな t について計算する．

演 習 問 題

1.1 第 1，第 2 の方法を計算するプログラムを書け．

1.2 第 2 の方法による t の収束半径が無限大であることを示せ．

1.3 $z = \sqrt{1 + j\sqrt{3}}$ を求めよ．

1.4 (1.4.19) と (1.4.20) を用いて

$$\frac{d}{dt}\cos\omega t = -\omega\sin\omega t$$

$$j\frac{d}{dt}\sin\omega t = j\omega\cos\omega t$$

を示せ．

1.5 (1.4.20) より

$$e^{j(\alpha+\beta)} = e^{j\alpha}e^{j\beta}$$

$$\cos(\alpha+\beta) + j\sin(\alpha+\beta) = (\cos\alpha + j\sin\alpha)(\cos\beta + j\sin\beta)$$

なる関係を用いて

$$\cos(\alpha+\beta) = \cos\alpha\cos\beta - \sin\alpha\sin\beta$$

$$\sin(\alpha+\beta) = \sin\alpha\cos\beta + \cos\alpha\sin\beta$$

を示せ．

1.6 $\dfrac{d}{dt}\cos\omega t$ の微分を求めよ．

(ヒント)

$$\begin{aligned}
\frac{d}{dt}\cos\omega t &= \lim_{\Delta\to 0}\frac{\cos\omega(t+\Delta) - \cos\omega t}{\Delta} \\
&= \lim_{\Delta\to 0}\frac{1}{\Delta}(-2\sin\frac{\omega t + \omega\Delta + \omega t}{2}\sin\frac{\omega t + \omega\Delta - \omega t}{2}) \\
&= \lim_{\Delta\to 0}\frac{1}{\Delta}(-2\sin\omega(t+\frac{\Delta}{2})\sin\omega\frac{\Delta}{2}) \\
&= -\sin\omega t \lim_{\Delta\to 0}\frac{\sin\omega\frac{\Delta}{2}}{\frac{\Delta}{2}}
\end{aligned}$$

ここで

$$\lim_{\Delta\to 0}\frac{\sin\omega\frac{\Delta}{2}}{\frac{\Delta}{2}} = \omega\lim_{\Delta\to 0}\frac{\sin\omega\frac{\Delta}{2}}{\omega\frac{\Delta}{2}} = \omega\times 1 = \omega$$

第2章

システムのモデリング

2.1　モデリングとは何か

　制御は"ある目的に適応するように，対象となっているものに所要の操作を加えること"と定義される．対象は電気，機械，化学，経済，社会等広い分野にわたっている．このように操作を加えるためには，その対象をよく知らなければならない．対象は，通常システムであり，いろいろな構成要素からなる[*1]．このシステムを理解するためには，そのモデルをつくる必要がある．システムのモデルをつくることをモデリングという．モデルをつくる目的はいろいろあるが，そのシステムを制御しようとするなら，与えられた入力に対してどのような出力が出るかがわかる，入力-出力の動的な関係を与えるものでなくてはならない．このモデルがあれば望ましい出力を与える入力は容易に求められる．このような動的特性を表現するモデルをつくる方法には，

(1) 構成する要素の物理的な関係からシステム全体のモデルをつくる方法．

(2) システムの入力，出力データから動的モデルを求める方法．

などがある．(1)は構成する要素がわかっているシステム (white box という) の場合に有効であり，(2)はシステムがどのような要素から構成されているかがわからない場合 (black box という) のモデリングの方法である．以下では構成する要素

[*1] システム：目的を満たすような要素から構成されるもの．入力：システムの変数中で操作できるもの．出力：システムの変数中測定できる従属変数．

が機械的要素からなるシステムと電気的要素からなるシステムの動的モデルをつくる方法を述べる．

2.2 機械系のモデリング

2.2.1 ばね-マス-ダッシュポット(スプリング-質量-ダンパ)系

直線運動をする機械システムの要素として，図2.1のばね（スプリング），ダッシュポット（ダンパ），質量（マス）がある．ここでは，これらだけを要素として構成され，直線運動をしているシステムの微分方程式をたてることにより，直線運動をする要素からなる多くの機械系を解析する．

① ばね(スプリング)

まず，加えられる力に比例して長さが変化する理想的なばね（スプリング）を

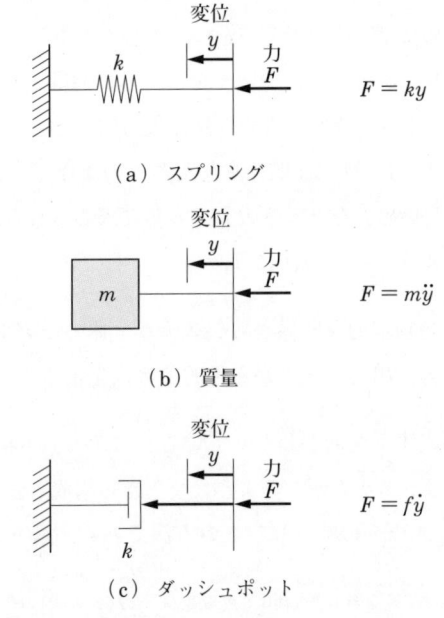

$F = ky$

(a) スプリング

$F = m\ddot{y}$

(b) 質量

$F = f\dot{y}$

(c) ダッシュポット

図2.1　ばね(スプリング)，マス(質量)，ダッシュポット(ダンパ)

2.2 機械系のモデリング

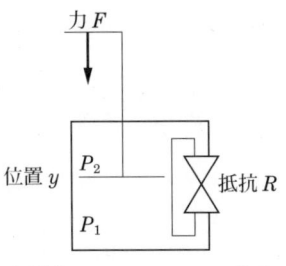

図 2.2 ダッシュポットの構造

考える．ばねに加えられる力を F，力が加わらない場合の位置からの変化を y とするときフックの法則から次式が成り立つ．

$$ky = F \tag{2.2.1}$$

k をばね（スプリング）定数という．

② マス（質量）

質量 m に加わる力を F とし，その結果生じた加速度を $\ddot{y}$ とする[*2]と，よく知られているようにニュートンの加速度の法則より次式が成り立つ．

$$m\ddot{y} = F \tag{2.2.2}$$

③ ダッシュポット（ダンパ）

質量とばねについては分かりやすいが，ダッシュポットについては，その機構をもう少し詳しく説明する．ダッシュポットは，空気式と液体を使用したものがあり，それぞれ機構が異なるが，ここでは，液体の場合について述べる．ダッシュポットは外力 F を加えると $y(t)$ の変化を与えるものである．水鉄砲や注射器を速く動かそうとすると大きな力が必要であったことを思い出してほしい．これは図 2.2 で示すような構造をしており，位置 y の変化によって，各オイルだまりの圧力がそれぞれ P_1, P_2 となり，圧力差が生ずる．この圧力差によって，各

[*2] たとえば時間 t の関数 $y(t)$ の 1 階微分 $\dfrac{dy}{dt}$ を $\dot{y}$ と書く．同様に 2 階微分 $\dfrac{d^2y}{dt^2}$ を，$\ddot{y}$ と書くことにする．

オイルだまりからオイルが移動する．この際の抵抗を R とし，流量 q でオイルが移るとする．

$$\frac{P_1 - P_2}{R} = q \tag{2.2.3}$$

このときの弁の移動速度 $\dot{y}$ は，オイルだまりの断面積を S とすると，

$$S\dot{y} = q \tag{2.2.4}$$

で与えられる．一方，弁が受ける力は，

$$F = S(P_1 - P_2)$$

であるから (2.2.3)，(2.2.4) を代入して，

$$F = SRq = RS^2\dot{y} = f\dot{y} \tag{2.2.5}$$

を得る．ダッシュポットは，力がかかると，比例して位置の速度が変わる関係が成立する．この f をダッシュポット定数という．ダッシュポットのシリンダの断面積 S か，抵抗 R が大きいとダッシュポット定数が大きくなり，小さい速さで動かすにも，大きな外力が必要である．ダッシュポットは水鉄砲や注射器のようなもので，速く動かそうとすると力がいるが，ゆっくり動かせばあまり力がいらないものである．

以上をまとめて，加える力を F，位置の変化を y とするとき，次式が成り立つ．

$$f\dot{y} = F \tag{2.2.6}$$

2.2.2　ばねと質量

図 2.3 で示すばねに質量が付いているシステムを考える．これは第1章と同じ例だが，もう少し詳しく述べる．ばねに力 u を加えて引っぱると，ばねの自然長から z だけ伸びたとする．このとき，ばねが引き上げようとする力 F_1 は，ばね

2.2 機械系のモデリング

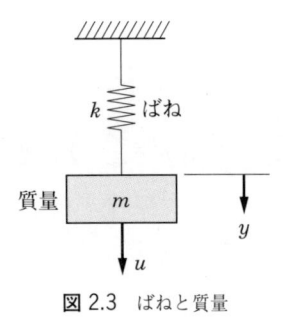

図 2.3 ばねと質量

のばね定数を k とするとフックの法則から

$$F_1 = kz \qquad (2.2.7)$$

で表される．一方，質量 m の物体が z だけ動くのに必要な力 F_2 はニュートンの加速度の法則から

$$F_2 = m\frac{d^2}{dt^2}z \quad \text{(質量 × 加速度)}$$

である．この質量に加えられている力 F_2 は重力加速度を g とすると $u - F_1 + mg$ であるから

$$m\frac{d^2}{dt^2}z = u - kz + mg \qquad (2.2.8)$$

で与えられる．ここで加える力 u は，勝手に加えることができるので入力，z はその結果決まるので出力という．(2.2.8) のシステムの一般的な取り扱いはあとで述べることにして，$u \equiv 0$ すなわち

$$m\frac{d^2}{dt^2}z = -kz + mg \qquad (2.2.9)$$

で $-kz + mg = 0$ なら，力がつり合って位置 z が変化しないから，$kz_0 = mg$ なる z_0 を用いて $z = y + z_0$ と表すと

$$m\frac{d^2}{dt^2}y = -ky \qquad (2.2.10)$$

となる．この z_0 は平衡点と呼ばれる．このように平衡状態からの変化量 y で動的モデルを表現すれば，重力の影響をモデルに入れないですむ．(2.2.10) の解 $y(t)$

は

$$y(t) = y(0)\cos\left(\sqrt{\frac{k}{m}}t\right) + \sqrt{\frac{m}{k}}\dot{y}(0)\sin\left(\sqrt{\frac{k}{m}}t\right) \tag{2.2.11}$$

のようになり，$y(0), \dot{y}(0) \left(= \frac{d}{dt}y|_{t=0}\right)$ が与えられると，任意の時刻における $y(t)$ の値がわかる．動的システムのモデルはシステムの将来の挙動を予測するのに有効であることがわかるであろう．

2.2.3 ばね-ダッシュポット-質量系

ばね，ダッシュポット，質量を構成要素とする図 2.4 のようなシステムを考える．質量を m，ダッシュポット定数を f，ばね定数を k とし，質量をつけないときの位置を基準位置として，それからの上向きの変位を z とすると，$u \equiv 0$ のとき次式が成立する．

$$m\ddot{z} = -mg - f\dot{z} - kz \tag{2.2.12}$$

前節と同様に z_0 を平衡点とすると，$\dot{z} = 0, \ddot{z} = 0$ となるから，一定値 z_0 は

$$0 = -mg - kz_0 \tag{2.2.13}$$

を満たす．(2.2.13) の方程式の z_0 を用いて

$$z = z_0 + y \tag{2.2.14}$$

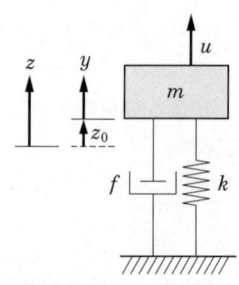

図 2.4 ばね-ダッシュポット-質量系

2.2 機械系のモデリング

とすると (2.2.12) は

$$m\ddot{y} = -f\dot{y} - ky \tag{2.2.15}$$

と書ける．y は平衡点を基準位置としたときの変位である．このような平衡点からのずれだけを考えれば，前節で述べたように，重力による影響を考える必要がない．すなわち，(2.2.12) に比べ (2.2.15) の方が分かりやすいので，以後すべて平衡点を基準位置にとることにする．

$u \equiv 0$ でなく，図 2.4 のように物体に力 u を加える場合は

$$m\ddot{y} = u - f\dot{y} - ky$$

より

$$m\ddot{y} + f\dot{y} + ky = u \tag{2.2.16}$$

なる入力-出力関係の動的モデルが与えられる．

2.2.4　ショックアブソーバ

同じような機構で，床からの振動による位置の変化 u の影響が上に伝わらないように振動吸収するものに，ショックアブソーバがある．自動車のタイヤと車体の間にもショックアブソーバがある．このショックアブソーバは，ばねとダッシュポットと呼ばれる要素からなる．ダッシュポット係数を f とすると，加える力 F と変化速度 $\dot{y}$ は

$$F = f\dot{y} \tag{2.2.17}$$

を満たす．図 2.5 のように床の位置が u だけ変化する場合に，質量 m の物体への影響が出ないように，その間にショックアブソーバをいれる．このとき物体が y だけ動くとするなら，それに加わる力は $f(\dot{u}-\dot{y}) + k(u-y)$ であるから

$$m\frac{d^2}{dt^2}y = \underbrace{f(\dot{u}-\dot{y})}_{\text{ダンパにより加えられる力}} + \underbrace{k(u-y)}_{\text{スプリングにより加えられる力}} \tag{2.2.18}$$

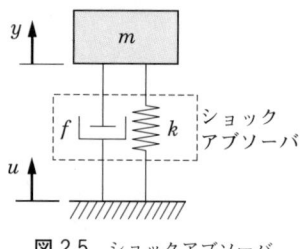

図 2.5 ショックアブソーバ

すなわち

$$m\ddot{y} + f\dot{y} + ky = f\dot{u} + ku \tag{2.2.18'}$$

で与えられる．u が入力，y が出力と考えられることはいうまでもない．

例題 2.2.1 図 2.6 について，質量 1 に力 u が加わったとする．このときの y_1, y_2 の挙動を表す微分方程式を求めよ．

(解答) 質量 1 に対しては次の微分方程式が成り立つ．

$$m_1\ddot{y}_1 = -f_1\dot{y}_1 - k_1 y_1 + k_2(y_2 - y_1) + u$$

質量 2 に対しては次の微分方程式が成り立つ．

$$m_2\ddot{y}_2 = k_2(y_1 - y_2) - k_3 y_2$$

以上の 2 つの微分方程式を行列形式でまとめると次式が導かれる．

$$\begin{bmatrix} m_1 & 0 \\ 0 & m_2 \end{bmatrix} \begin{bmatrix} \ddot{y}_1 \\ \ddot{y}_2 \end{bmatrix} + \begin{bmatrix} f_1 & 0 \\ 0 & 0 \end{bmatrix} \begin{bmatrix} \dot{y}_1 \\ \dot{y}_2 \end{bmatrix} + \begin{bmatrix} k_1 + k_2 & -k_2 \\ -k_2 & k_2 + k_3 \end{bmatrix} \begin{bmatrix} y_1 \\ y_2 \end{bmatrix} = \begin{bmatrix} u \\ 0 \end{bmatrix} \tag{2.2.19}$$

(2.2.16) と比べると，(2.2.16) の位置 y をベクトル

2.2 機械系のモデリング

図 2.6

$$\begin{bmatrix} y_1 \\ y_2 \end{bmatrix}$$

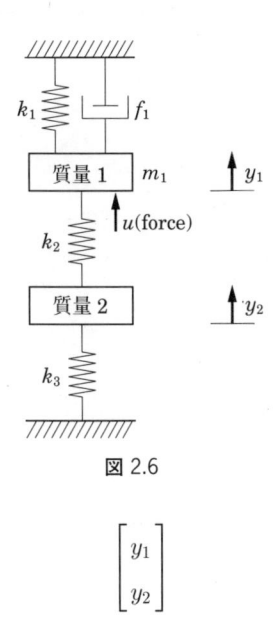

に拡張したものと考えられる．このように，ばね-マス-ダッシュポットを連結したシステムは，一般に 2 階のベクトル常微分方程式で記述できる．

2.2.5　一端に質量のある棒の回転

図 2.7 のように，長さ l で重さのない棒の一端をモータの回転軸に固定し，他端につけた質量 m の物体に力 u を加えると，θ だけ回転したとする．このときニュートンの運動方程式から

$$m\frac{d^2}{dt^2}(l\theta) = u$$

を得る．両辺に l をかけると

$$ml^2 \frac{d^2}{dt^2}\theta = lu \tag{2.2.20}$$

となる．これを

$$I\ddot{\theta} = \tau \tag{2.2.21}$$

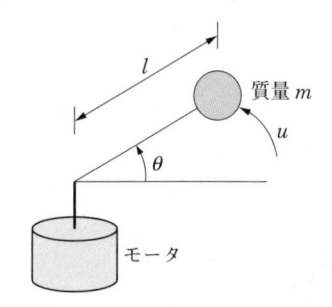

図 2.7 一端に質量のある棒の回転(力 u) 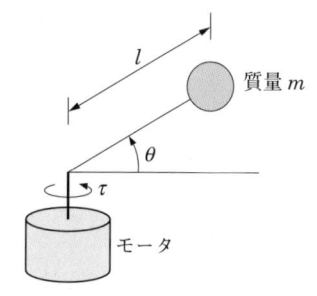　　**図 2.8** 一端に質量のある棒の回転(トルク τ)

と表そう．ここでトルク τ は次のように定義される．

$$\tau = lu \tag{2.2.22}$$

その単位は次のようになる．

$$\text{力}[\text{N}] \times \text{長さ}[\text{m}] = \text{トルク}[\text{Nm}] \tag{2.2.23}$$

また，I を，図 2.7 のように重さのない長さ l の一端を回転軸とし，他端に質量 m をつけた棒の回転軸まわりの慣性モーメントといい，次のようになる．

$$I = ml^2 \tag{2.2.24}$$

図 2.8 は (2.2.21) のように，力 u の代わりにトルク τ を働かせた様子を示している．

一端を回転軸とし，それから長さ $l_i (i = 1, 2, \ldots, n)$ のところに m_i の質量をもつ棒の回転軸まわりの慣性モーメントは

$$I = \sum_{i=1}^{n} m_i l_i^2 \tag{2.2.25}$$

で表される．

図 2.9 のように，長さ l，重さ m の棒が均一の密度 (m/l) をもつなら，棒の一端を回転軸とした慣性モーメントは次のようになる．

$$I = \int_0^l x^2 \frac{m}{l} dx = \left[\frac{x^3}{3}\frac{m}{l}\right]_0^l = \frac{m}{3}l^2 \tag{2.2.26}$$

2.2 機械系のモデリング

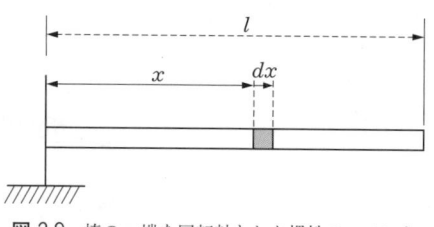

図 2.9 棒の一端を回転軸とした慣性モーメント

2.2.6　回転におけるダンパとスプリング

直線運動における加速度と力が質量によって関係づけられているのと同様に，回転運動においては(2.2.21)で示されているように，角加速度とトルクが慣性モーメントによって関係づけられている．ダッシュポットにおける変化速度と力，ばねにおける変位と力の関係が直線運動においてあるように，回転運動においても類似の関係をもつ要素がある．ダンパは図2.10のように角速度を$\dot{\theta}$，加えるトルクをτとするとき

$$f\dot{\theta} = \tau \tag{2.2.27}$$

なる関係をもつ要素である．fをダンパ係数という．また，スプリングは図2.11のように角度をθ，加えるトルクをτとすると

$$k\theta = \tau \tag{2.2.28}$$

なる関係をもつ要素である．kをスプリング定数という．

2.2.7　スプリング-慣性-ダンパ系

すべての回転をする機構で質量をもつ要素が回転していれば，慣性モーメントIがある．図2.12のように，慣性モーメントIをもつ質量とダンパ定数fのダンパ，スプリング定数kのスプリングからなるシステムの入力トルクτと回転角θの関係を求めてみよう．

図 2.10　ダンパ

図 2.11　スプリング

図 2.12　スプリング-慣性-ダンパ系

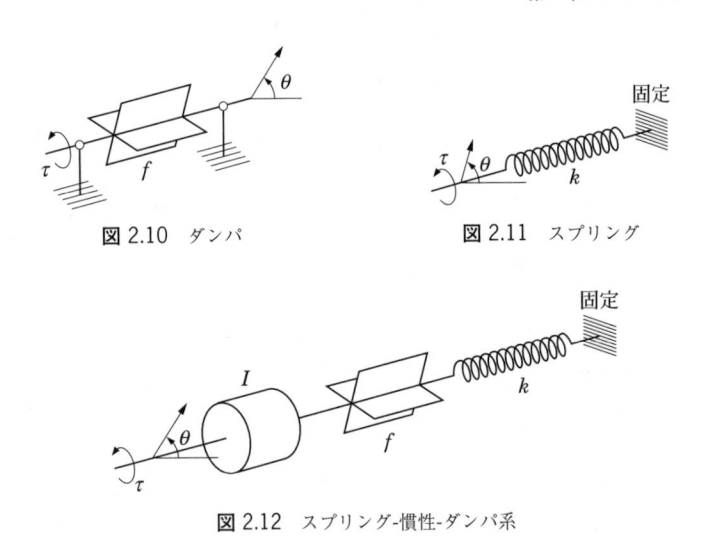

$$I\ddot{\theta} = \tau - f\dot{\theta} - k\theta \tag{2.2.29}$$

すなわち

$$I\ddot{\theta} + f\dot{\theta} + k\theta = \tau \tag{2.2.30}$$

と表される．これは，図 2.4 の直線運動における，力と変位の関係と類似であることがわかる．

2.3　電気回路のモデリング

2.3.1　抵抗，コンデンサ，コイル

　ここでは電気系に現れる代表的な要素である，抵抗，コンデンサ，コイルを考える[*3]．これらの電流と電圧の関係は図 2.13 のように表される．
　この節では，抵抗，コンデンサ，コイルを要素とする電気回路の入力，出力関

[*3] 電気系に現れる要素は，抵抗，コンデンサ，コイル以外にトランス，モータなど，電磁気を使用するものがある．

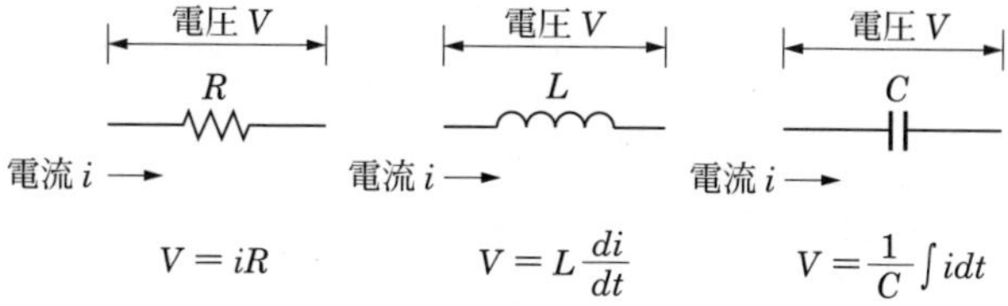

2.3 電気回路のモデリング

$$V = iR \qquad V = L\frac{di}{dt} \qquad V = \frac{1}{C}\int i\,dt$$

図 2.13 抵抗, コイル, コンデンサ

係を求める.抵抗 R は,その両端にかかる電圧を v [V] 流れる電流を i [A] とすると図 2.13 で示すように

$$V = Ri \tag{2.3.1}$$

なる関係がある.コンデンサ C は電圧を v,電流を i とすると

$$\dot{V} = \frac{1}{C}i \tag{2.3.2}$$

コイル L は電圧を v,電流を i とすると

$$V = L\dot{i} \tag{2.3.3}$$

なる関係がある.これらをまとめて表 2.1 に示す.これらを要素とする回路システムの入力,出力関係を求めてみよう.

2.3.2 抵抗コンデンサ系

① 直列型

図 2.14(a) で示すような抵抗 R とコンデンサ C からなる回路の入力端の電圧 v_i と出力端の電圧 v_o はどのような関係があるか求めてみよう.
まず,入力 v_i は,流れる電流を i とすると

$$v_i = Ri + \frac{1}{C}\int i\,dt \tag{2.3.4}$$

これは $q = \int i\,dt$ とすると $v_i = R\dot{q} + (1/C)q$ と書ける.また,

表 2.1 電気回路要素

要素		電気-電圧関係	電圧-電流関係
抵抗 R	$\longrightarrow i$（電流） ―WW― $\longleftarrow V$（電圧）	$V = Ri$ $V = R\dot{q}$ （R：抵抗） （単位：Ω）	$i = \dfrac{1}{R}V$ $i = \dfrac{1}{R}\dfrac{d}{dt}\int V dt$ （$\dfrac{1}{R}$：コンダクタンス）
コンデンサ C	$\longrightarrow i$（電流） ―∥― $\longleftarrow V$（電圧）	$V = \dfrac{1}{C}\int i\, dt$ $V = \dfrac{1}{C}q$ （C：キャパシタンス） （単位：F）	$i = C\dot{V}$ $i = C\dfrac{d^2}{dt^2}\int V dt$ （$\dfrac{1}{C}$：エラスタンス）
コイル L	$\longrightarrow i$（電流） ―⌒⌒⌒― $\longleftarrow V$（電圧）	$V = L\dfrac{d}{dt}i$ $V = L\ddot{q}$ （L：インダクタンス） （単位：H）	$i = \dfrac{1}{L}\int V dt$ （$\dfrac{1}{L}$：逆インダクタンス）

$$v_o = \frac{1}{C}\int i\, dt \tag{2.3.5}$$

なる関係があるから v_i と v_o は，次の関係を満たす．

$$v_i = RC\dot{v}_o + v_o \tag{2.3.6}$$

② 並列型

図 2.14(b) で示すような定電流電源 u に対して，抵抗 R とコンデンサ C が並列に結合している回路を考える．このとき，入力電流 u に対して，電圧 y がどのように応答するかを求める．R を流れる電流は y/R，C を流れる電流は $C\dot{y}$ であるから，

$$u = C\dot{y} + \frac{y}{R} = \frac{1}{R}(RC\dot{y} + y) \tag{2.3.7}$$

で記述される．すなわち，電流-電圧も同じような微分方程式で表せることがわかる．図 2.14(a), (b) を比べると抵抗とコンデンサが直列，並列になっているこ

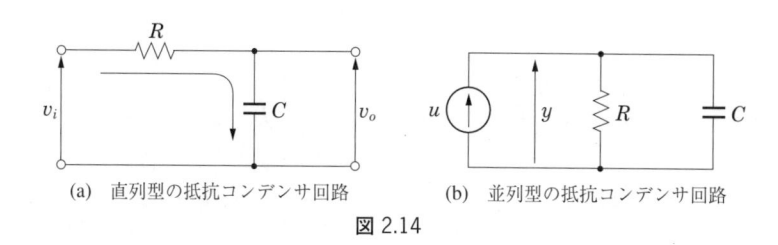

2.3 電気回路のモデリング

(a) 直列型の抵抗コンデンサ回路 (b) 並列型の抵抗コンデンサ回路

図 2.14

とに注目してほしい.

2.3.3 抵抗-コイル-コンデンサ系

図 2.15 のように抵抗 R,コイル L,コンデンサ C からなる回路の入力端の電圧 v_i と出力端の電圧 v_o の関係を求めてみよう.流れる電流を i とすると,

$$v_i = L\frac{di}{dt} + Ri + \frac{1}{C}\int i dt = L\ddot{q} + R\dot{q} + \frac{1}{C}q \tag{2.3.8}$$

$$v_o = \frac{1}{C}\int i dt = \frac{1}{C}q \tag{2.3.9}$$

より次のような関係が成り立つ.

$$v_i = LC\ddot{v}_o + RC\dot{v}_o + v_o \tag{2.3.10}$$

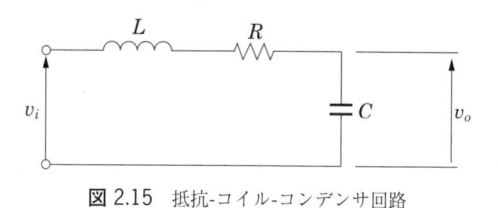

図 2.15 抵抗-コイル-コンデンサ回路

例題 2.3.1　図 2.16 で与えられるシステムの入力電圧 u に対する出力電圧 y の応答を求めよ.

(解答)　入力端子に加えられる電圧 u と電流 i の関係と,電流 i と出力電圧 y の

図 2.16

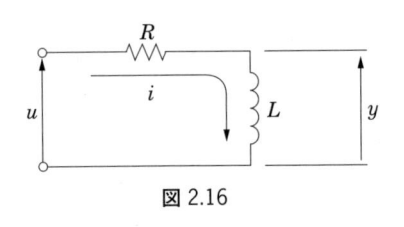

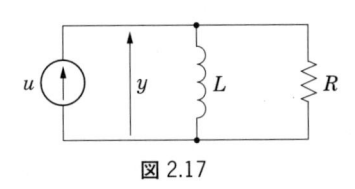

図 2.17

関係は
$$u = Ri + L\frac{di}{dt} = R\dot{q} + L\ddot{q}$$
$$y = L\frac{di}{dt} = L\ddot{q}$$

q を消去すると，次の入出力関係を得る．
$$\dot{u} = \frac{R}{L}y + \dot{y}$$

例題 2.3.2 図 2.17 に示す回路の，入力電流 u に対する電圧 y の応答を表す微分方程式を求めよ．

（解答）
$$u = \frac{y}{R} + \frac{1}{L}\int y dt \tag{2.3.11}$$

で表現される．この関係式は
$$u = \frac{1}{L}\left(\frac{L}{R}y + \int y dt\right) \tag{2.3.12}$$

となる．ここで，
$$x = \int y dt$$

とするなら (2.3.11) は，
$$u = \frac{\dot{x}}{R} + \frac{1}{L}x \tag{2.3.13}$$

であるから，u が一定値であるなら，$x = \int y dt$ が一定値 Lu に近づき，y は 0 に近づくような応答であることがわかる．

2.4　機械系と電気系のアナロジー

2.4.1　速度-電流相似と速度-電圧相似(アナロジー)

機械系で表現されたシステムと等価な電気回路を求める問題を考えよう．まず，図 2.18 で示される機械系を考える．

このシステムは，マスに力 u が加わるときの平衡状態からの変位 y は

$$m\ddot{y} + f\dot{y} + ky = u \tag{2.4.1}$$

なる関係で与えられることはすでに示した．これに等価な回路は変位を電荷すなわち速度を電流に対応させるか電圧に対応させるかで異なる．機械系を構成するばね，ダッシュポット，マスにおける変数である変位，速度と電気系を構成するコンデンサ，抵抗，コイルにおける電荷，電流の関係を考えると，力を電圧と対応させると表 2.2 の対応が考えられる[10]．そのことを確かめよう．

図 2.19 のような電気回路の入力 u と電流 i の関係を求めると (2.3.8) から，

$$L\frac{d}{dt}i + Ri + \frac{1}{C}\int i\,dt = u \tag{2.4.1'}$$

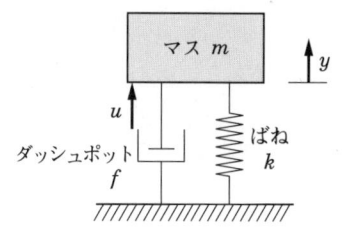

図 2.18　ばね・マス・ダンパからなる機械系

表 2.2　速度-電流相似の場合の対応

	変位	速度表現		電荷	電流表現
ばね	ky	$k\int v\,dt$	コンデンサ	$\dfrac{q}{C}$	$\dfrac{1}{C}\int i\,dt$
ダッシュポット	$f\dot{y}$	fv	抵抗	$R\dot{q}$	Ri
マス	$m\ddot{y}$	$m\dot{v}$	コイル	$L\ddot{q}$	Li

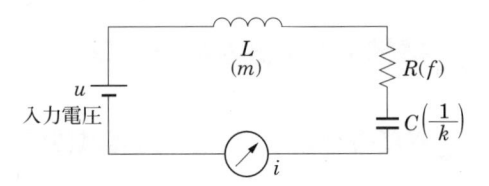

図 2.19 コイル・抵抗・コンデンサ直列回路

表 2.3 速度-電圧相似の場合の対応(電流/電圧はアドミッタンスと呼ばれる)

	変位	速度表現		電圧積分	電圧表現
ばね	ky	$k\int v$	コイル	w/L	$\int e/L$
ダッシュポット	$f\dot{y}$	fv	抵抗	$\dot{w}/R$	e/R
マス	$m\ddot{y}$	$m\dot{v}$	コンデンサ	$C\ddot{w}$	$C\dot{e}$

と表せる.$q = \int i dt$ に対しては,次のように書け,

$$L\ddot{q} + R\dot{q} + \frac{1}{C}q = u \tag{2.4.2}$$

(2.4.1) に対応することがわかる.

これより図 2.18 に対応する電気系は図 2.19 のようになり,電流 i が速度 v,電荷 q が位置 y に対応していることがわかる.

回路的にみると並列が直列に変換されるので,逆相似ということもある[10].これに対し力を電流に対応させると表 2.3 になる.

この関係を用いると図 2.19 の回路に等価な回路は,図 2.20 で与えられることがわかる.ここで変位は電圧に相当する.電流 u は,コイル L を流れる電流 $\int (y/L)dt$,抵抗 R を流れる電流 y/R,コンデンサを流れる電流 $C\dot{y}$ の和で次のように表される.

$$C\dot{y} + \frac{1}{R}y + \frac{1}{L}\int y dt = u \tag{2.4.3}$$

ここで $w = \int y\, dt$ と電圧の積分を定義すると,

$$C\ddot{w} + \frac{1}{R}\dot{w} + \frac{1}{L}w = u \tag{2.4.4}$$

となり,(2.4.1) と,表 2.3 の対応があることがわかる.このような対応を直接相似という.

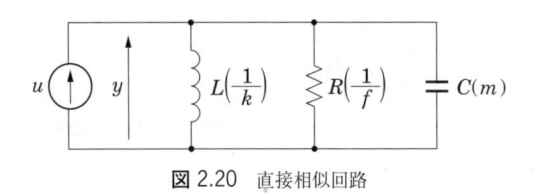

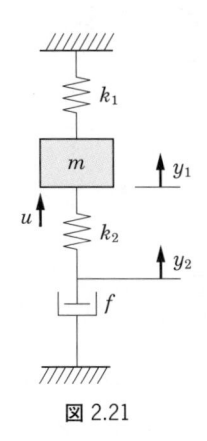

2.4 機械系と電気系のアナロジー

図 2.20 直接相似回路

図 2.21

以上の事柄を用いて次の例題を解いてみよう．

例題 2.4.1 図 2.21 に示す機械系に等価な速度-電圧相似（力-電流）と速度-電流相似（力-電圧）な電気系を求めよ．

(解答) 図 2.21 の微分方程式を求めると

$$m\ddot{y}_1 = u - k_1 y_1 - k_2(y_1 - y_2) \tag{2.4.5 a}$$

$$k_2(y_1 - y_2) = f\dot{y}_2 \tag{2.4.5 b}$$

ばねとダッシュポットとの接合部の位置の変化 y_2 は，その点の質量が 0 と考え

$$0\ddot{y}_1 = k_2(y_1 - y_2) - f\dot{y}_2$$

より導くこともできる．図 2.22 では

$$L\ddot{q}_1 = u - \frac{1}{C_1}\dot{q}_1 - \frac{1}{C_2}(\dot{q}_1 - \dot{q}_2)$$

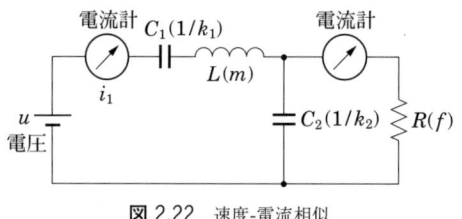

図 2.22 速度-電流相似

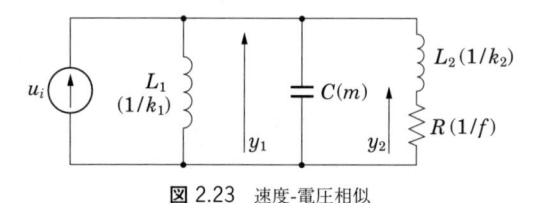

図 2.23 速度-電圧相似

$$\frac{1}{C_2}(\dot{q}_1 - \dot{q}_2) = R\dot{q}_2$$

より，図 2.21, 2.22 の二つのシステムが対応しており，それらの等価性がいえる．

図 2.23 では，y をコンデンサ両端の電圧とする．

$$w_1 = \int y_1 dt, \qquad w_2 = \int y_2 dt$$

とすると

$$C\ddot{w}_1 = u - \frac{1}{L_1}w_1 - \frac{1}{L_2}(w_1 - w_2)$$

L_2 と R を通る電流は等しいから，次式より等価性を結論できる．

$$\frac{1}{L_2}(w_1 - w_2) = \frac{1}{R}\dot{w}_2$$

図 2.21 の微分方程式を求めることなしに図 2.22, 図 2.23 が求められることが望ましい．

例題 2.4.2 図 2.24 の速度-電流相似と速度-電圧相似を求めよ．

(解答) 図 2.24 のシステムは微分方程式で表現すると

2.4 機械系と電気系のアナロジー

図 2.24

図 2.25　速度-電圧相似

図 2.26　速度-電流相似

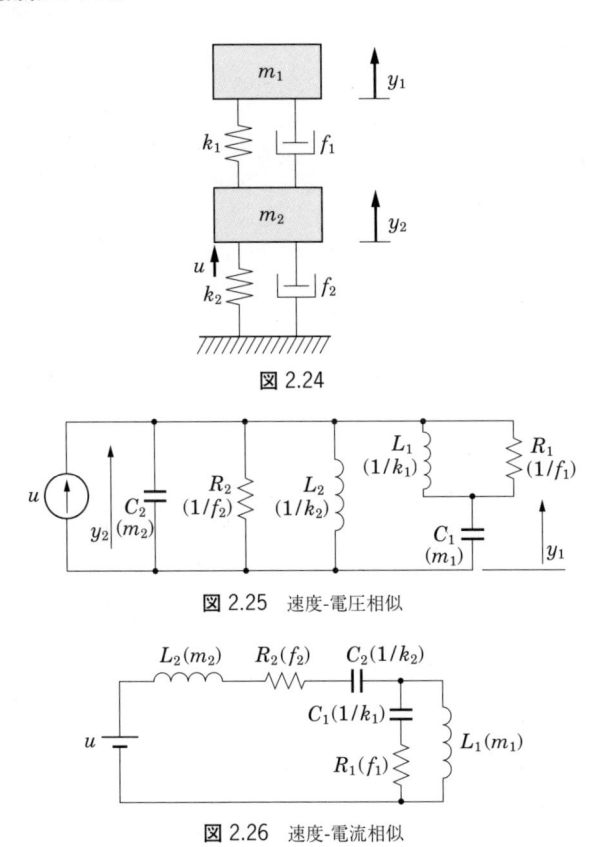

$$\begin{cases} m_2\ddot{y}_2 = u - k_2 y_2 - f_2\dot{y}_2 - k_1(y_2 - y_1) - f_1(\dot{y}_2 - \dot{y}_1) \\ m_1\ddot{y}_1 = k_1(y_2 - y_1) + f_1(\dot{y}_2 - \dot{y}_1) \end{cases}$$

このシステムの直接相似は図 2.25 のように与えられる．逆相似は図 2.26 のように与えられる．

問題 2.4.1　図 2.27 のシステムに相似な電気回路を求めよ．
(解答)　図 2.27 の微分方程式表現は次のように与えられる．

$$m_1\ddot{y}_1 = u - k_1 y_1 - f_2(\dot{y}_1 - \dot{y}_2)$$

図 2.27

図 2.28

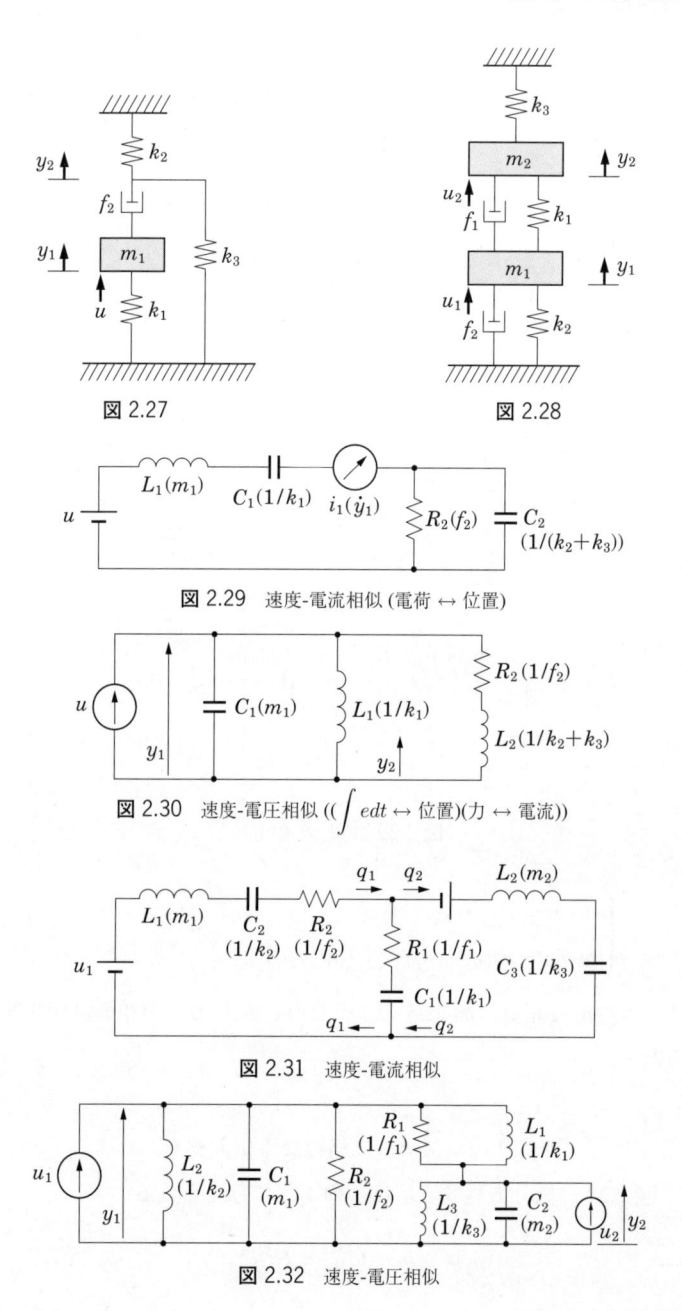

図 2.29 速度-電流相似 (電荷 ↔ 位置)

回路要素: $L_1(m_1)$, $C_1(1/k_1)$, $i_1(\dot{y}_1)$, $R_2(f_2)$, $C_2(1/(k_2+k_3))$

図 2.30 速度-電圧相似 (($\int e\,dt \leftrightarrow$ 位置)(力 ↔ 電流))

回路要素: u, $C_1(m_1)$, $L_1(1/k_1)$, $R_2(1/f_2)$, $L_2(1/k_2+k_3)$

図 2.31 速度-電流相似

回路要素: $L_1(m_1)$, $C_2(1/k_2)$, $R_2(1/f_2)$, $R_1(1/f_1)$, $C_1(1/k_1)$, $L_2(m_2)$, $C_3(1/k_3)$, q_1, q_2, u_1

図 2.32 速度-電圧相似

回路要素: u_1, $L_2(1/k_2)$, $C_1(m_1)$, $R_1(1/f_1)$, $R_2(1/f_2)$, $L_1(1/k_1)$, $L_3(1/k_3)$, $C_2(m_2)$, u_2, y_1, y_2

2.4 機械系と電気系のアナロジー

$$k_2 y_2 = -k_3 y_2 + f_2(\dot{y}_1 - \dot{y}_2)$$

これより，図2.29の速度-電流相似（電荷↔位置）と図2.30の速度-電圧相似（$\int e dt$ ↔位置, 力↔電流）を得る．ここで y_2 の位置の変化はこの点の質量をゼロと考え

$$0 \ddot{y}_2 = -k_2 y_2 - k_3 y_2 + f_2(\dot{y}_1 - \dot{y}_2)$$

としても導ける．

問題 2.4.2 図2.28のシステムに相似な電気回路を求めよ．
(解答) 図2.28の微分方程式表現は次のように与えられる．

$$m_2 \ddot{y}_2 = u_2 - k_3 y_2 + f_1(\dot{y}_1 - \dot{y}_2) + k_1(y_1 - y_2)$$
$$m_1 \ddot{y}_1 = u_1 - k_2 y_1 - f_2 \dot{y}_1 - f_1(\dot{y}_1 - \dot{y}_2) - k_1(y_1 - y_2)$$

これより，速度-電流相似は図2.31，速度-電圧相似は図2.32となる．

問題 2.4.3 図2.33のシステムに相似な電気回路を求めよ．
(解答) 図2.33は

$$m_1 \ddot{y}_1 = u - k_1 y_1 - f_1 \dot{y}_1 - f_2(\dot{y}_1 - \dot{y}_2) - k_3(y_1 - y_3)$$

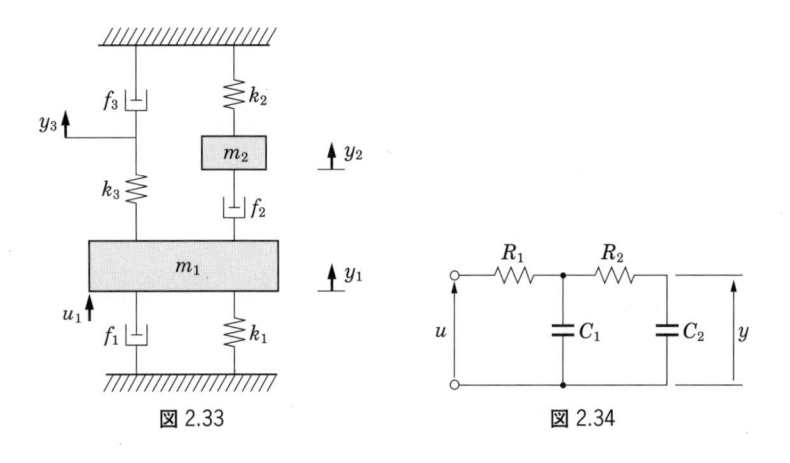

図 2.33

図 2.34

図 2.35　逆相似系

図 2.36　直接相似系

図 2.37　等価な機械系

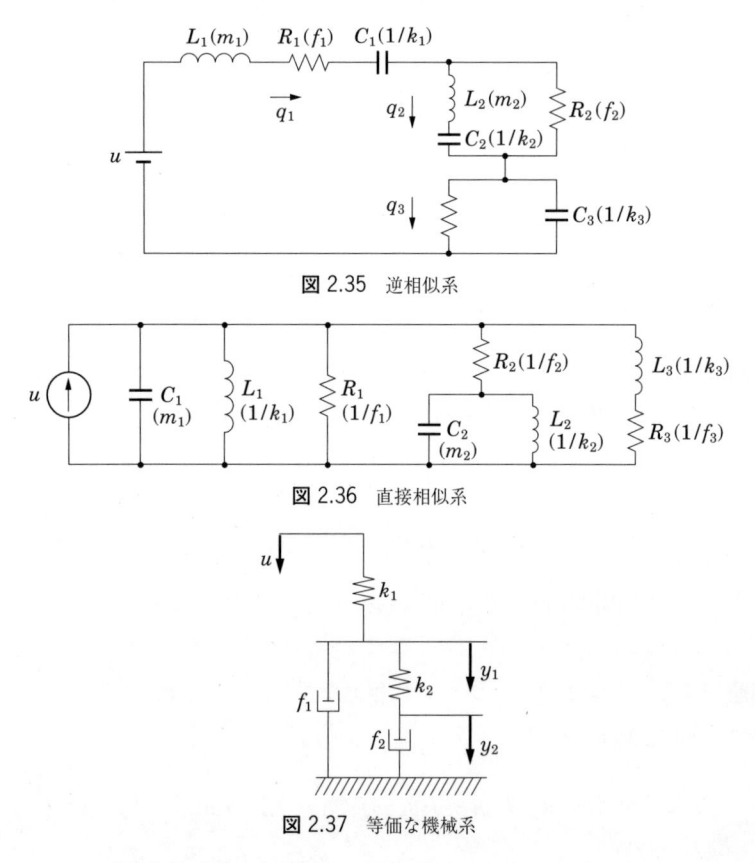

$$f_3\dot{y}_3 = k_3(y_1 - y_3)$$

$$m_2\ddot{y}_2 = -k_2 y_2 - f_2(\dot{y}_2 - \dot{y}_1)$$

で微分方程式が記述される．ここで y_3 の点は，そこの質量がゼロで

$$0\ddot{y}_3 = -f_3\dot{y}_3 + k_3(y_1 - y_3)$$

の微分方程式より導いてもよい．これより，逆相似系，直接相似系はそれぞれ，図 2.35, 2.36 のようになる．

問題 2.4.4 図2.34の回路に等価な機械系を求めよ．

(解答) $R_1 = 1/k_1$, $R_2 = 1/k_2$, $C_1 = f_1$, $C_2 = f_2$ とおくことによって，等価な機械系が，図2.37のようになる．

2.5 その他のシステムのモデリング

2.5.1 直流モータ

直流モータは，直流電圧を加えると回転するモータであり，身のまわりで広く使われている．図2.38に示すように，モータに電流iを通すとき，回転速度ω〔rad/sec〕で回転するとき，逆起電力による電圧$K_e\omega$を生ずる．この関係式を次に示す．

$$u = Ri + K_e\omega$$

$$J\dot{\omega} = K_t i$$

ただし，K_e：モータの逆起電力定数，K_t：モータのトルク定数．

2.5.2 倒立振子

図2.39で示すような下端からlのところに重心mをもつ長さ$2l$の棒の下端に

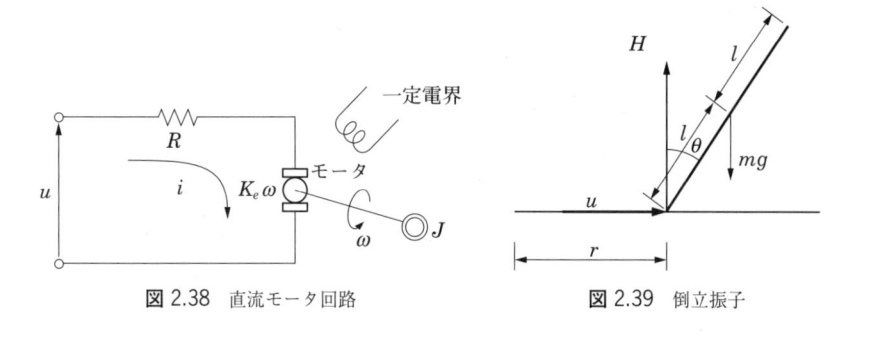

図 2.38 直流モータ回路

図 2.39 倒立振子

u の力を加えるときの角度 θ と u の関係式を求めてみよう.なお,棒の下端には垂直抗力 H がかかっている.重心まわりの慣性モーメントを I とすると

回 転 $I\ddot{\theta} = -ul\cos\theta + Hl\sin\theta$

上下方向 $m\dfrac{d^2}{dt^2}(l\cos\theta) = H - mg$

水平方向 $m\dfrac{d^2}{dt^2}(r + l\sin\theta) = u$

以上の式より

$$\frac{d}{dt}\cos\theta = -\sin\theta\dot{\theta}$$
$$\frac{d}{dt}\sin\theta = \cos\theta\dot{\theta}$$
$$\frac{d^2}{dt^2}\cos\theta = -\sin\theta\ddot{\theta} - \cos\theta\dot{\theta}^2$$
$$\frac{d^2}{dt^2}\sin\theta = \cos\theta\ddot{\theta} - \sin\theta\dot{\theta}^2$$

であるから

$$\begin{cases} I\ddot{\theta} + m\ddot{r}l\cos\theta + ml^2\cos^2\theta\ddot{\theta} - ml^2\sin\theta\cos\theta\dot{\theta} \\ \quad = [mgl - ml^2(\sin\theta\ddot{\theta} + \cos\theta\dot{\theta}^2)]\sin\theta \\ m\ddot{r} + ml\cos\theta\ddot{\theta} - ml\sin\theta\dot{\theta}^2 = u \end{cases}$$

すなわち

$$\begin{cases} (I + ml^2)\ddot{\theta} + ml\cos\theta\ddot{r} = mgl\sin\theta \\ m\ddot{r} + ml\cos\theta\ddot{\theta} - ml\sin\theta\dot{\theta}^2 = u \end{cases}$$

一般に行列形式で

$$\begin{bmatrix} I + ml^2 & ml\cos\theta \\ ml\cos\theta & m \end{bmatrix}\begin{bmatrix} \ddot{\theta} \\ \ddot{r} \end{bmatrix} + \begin{bmatrix} 0 \\ -ml\sin\theta\dot{\theta} \end{bmatrix}\dot{\theta} + \begin{bmatrix} mgl\sin\theta \\ 0 \end{bmatrix} = \begin{bmatrix} 0 \\ u \end{bmatrix}$$

例題 2.5.1 図 2.40 で与えられる直線運動をしているシステムにおいて,質量 m_1 に u の力が加わるとき,$e = y_1 - y_2$ の応答がどのように表せるかを示せ.ついで y_1 と e の関係を求めよ.

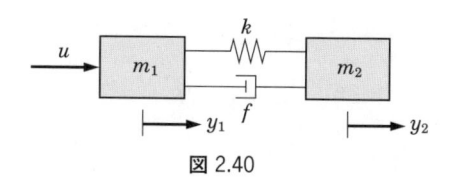

2.5 その他のシステムのモデリング

図 2.40

(解答)

$$m_1\ddot{y}_1 = u + k(y_2 - y_1) + f(\dot{y}_2 - \dot{y}_1) \quad (2.5.1)$$

$$m_2\ddot{y}_2 = -k(y_2 - y_1) - f(\dot{y}_2 - \dot{y}_1) \quad (2.5.2)$$

$$e = y_1 - y_2$$

とすると

$$m_1 m_2 \ddot{y}_1 = m_2 u - m_2 k e - m_2 f \dot{e}$$

$$m_1 m_2 \ddot{y}_2 = m_1 k e + m_1 f \dot{e}$$

この 2 つの式を引き算すると

$$m_1 m_2 \ddot{e} = m_2 u - (m_1 + m_2) k e - (m_1 + m_2) f \dot{e}$$

すなわち

$$m_1 m_2 \ddot{e} + (m_1 + m_2) f \dot{e} + (m_1 + m_2) k e = m_2 u \quad (2.5.3)$$

のような関係がある．次いで (2.5.2) より

$$m_2 \ddot{e} + f \dot{e} + k e = m_2 \ddot{y}_1$$

なる関係が y_1 と e とにあることがわかる．

2.5.3　Lagrange 方程式を用いたモデリング

いままで物理系は Newton の 3 法則からそのダイナミクスを導いてきた．しかし，物理系は $\mathcal{T}$：運動のエネルギー，$\mathcal{U}$：ポテンシャルエネルギー，とするとき，

Lagrangian は次のように定義される．

$$\mathcal{L} = \mathcal{T} - \mathcal{U}$$

このときに Hamilton の原理より

$$I = \int_{t_1}^{t_2} \mathcal{L}(q_i, \dot{q}_i, t) dt$$

を最小にするように動くことが知られている．一般に，$\mathcal{D}$：消散エネルギーとするとき，システムの運動方程式は次の Lagrange 方程式で与えられる．

$$\frac{d}{dt}\left(\frac{\partial \mathcal{L}}{\partial \dot{q}_i}\right) - \frac{\partial \mathcal{L}}{\partial q_i} + \frac{\partial \mathcal{D}}{\partial \dot{q}_i} = P_i \tag{2.5.4}$$

P_i は q_i を直接動かす駆動力である．

これからいくつかの例を示し，Lagrange 方程式により物理系の運動方程式をたてる練習をする．この方法の特徴は電気-機械系のモデリングが容易に行えることである．

① 電気要素

図 2.41 のような回路の動的方程式は Lagrange 方程式から容易に求められる．表を利用し運動エネルギーを求めると

$$\mathcal{T} = \frac{1}{2} L \dot{q}^2$$

ポテンシャルエネルギーは，

$$\mathcal{U} = \frac{1}{2C} q^2$$

消散エネルギーは，

$$\mathcal{D} = \frac{1}{2} R \dot{q}^2$$

$$\mathcal{L} = \frac{1}{2} L \dot{q}^2 - \frac{1}{2C} q^2$$

$$\frac{d}{dt}\frac{\partial \mathcal{L}}{\partial \dot{q}} - \frac{\partial \mathcal{L}}{\partial q} + \frac{\partial \mathcal{D}}{\partial \dot{q}} = L\ddot{q} + \frac{1}{C} q + R\dot{q} = e_i$$

駆動力は，この場合電圧であるから，上の式で電気系の運動方程式が求められる

2.5 その他のシステムのモデリング

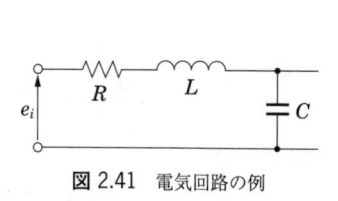

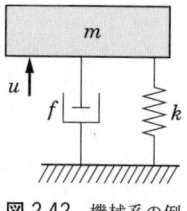

図 2.41 電気回路の例

図 2.42 機械系の例

(Walsh, p.377). これは (2.3.8) と一致する. 電圧・速度対応の場合には, 駆動力は電流となる.

② 機械要素

図 2.42 のシステムの動的方程式を Lagrange の方法で求めてみる.

表を利用し運動エネルギーを求めると,

$$\mathcal{T} = \frac{1}{2}m\dot{x}^2$$

ポテンシャルエネルギーは,

$$\mathcal{U} = \frac{1}{2}kx^2$$

消散エネルギーは,

$$\mathcal{D} = \frac{1}{2}f\dot{x}^2$$

であるから,

$$q = x$$
$$\frac{d}{dt}\frac{\partial \mathcal{L}}{\partial \dot{x}} - \frac{\partial \mathcal{L}}{\partial x} + \frac{\partial \mathcal{D}}{\partial \dot{x}} = m\ddot{x} + kx + f\dot{x} = u$$

これは, (2.2.16) と一致する. ついで, 図 2.24 のシステムの動的方程式を Lagrange の方法で求めてみる.

表 2.5 を利用し運動エネルギーを求めると,

$$\mathcal{T} = \frac{1}{2}m_1\dot{y_1}^2 + \frac{1}{2}m_2\dot{y_2}^2$$

ポテンシャルエネルギーは,

表 2.4 電気要素

回路要素	回路図	エネルギーの種類	エネルギー式
抵抗 R		電流を $i=\dot{q}$ とすると，抵抗は電気エネルギー Ri^2 を消費する（消散エネルギー）	$\mathcal{D} = \dfrac{1}{2}R\dot{q}^2$
コンデンサ C		コンデンサは電荷がたまり，電位差が生じる（ポテンシャルエネルギー）	$\mathcal{U} = \dfrac{1}{2C}q^2$
コイル L		コイルに電圧をかけると，流れる電流が変化する（運動エネルギー）	$\mathcal{T} = \dfrac{1}{2}L\dot{q}^2$

表 2.5 機械要素

回路要素	回路図	エネルギーの種類	エネルギー式
質量 m		運動エネルギー	$\mathcal{T} = \dfrac{1}{2}m\dot{x}^2$
スプリング k		ポテンシャルエネルギー	$\mathcal{U} = \dfrac{1}{2}kx^2$
ダンパー f		消散エネルギー	$\mathcal{D} = \dfrac{1}{2}f\dot{x}^2$

$$\mathcal{U} = \frac{1}{2}k_2 y_2{}^2 + \frac{1}{2}(k_1 y_1 - y_2)^2$$

消散エネルギーは，

$$\mathcal{D} = \frac{1}{2}f_2 \dot{y}_2{}^2 + \frac{1}{2}f_1(\dot{y}_1 - \dot{y}_2)^2$$

であるから，

$$\mathcal{L} = \mathcal{T} - \mathcal{U}$$

とするとき，

$$\frac{d}{dt}\frac{\partial \mathcal{L}}{\partial \dot{y}_1} - \frac{\partial \mathcal{L}}{\partial y_1} + \frac{\partial \mathcal{D}}{\partial \dot{y}_1} = m_1 \ddot{y}_1 + k_1(y_1 - y_2) + f_1(\dot{y}_1 - \dot{y}_2) = u$$

$$\frac{d}{dt}\frac{\partial \mathcal{L}}{\partial \dot{y}_2} - \frac{\partial \mathcal{L}}{\partial y_2} + \frac{\partial \mathcal{D}}{\partial \dot{y}_2} = m_2 \ddot{y}_2 - k_1(y_1 - y_2) + k_2 y_2 + f_2 \dot{y}_2 - f_1(\dot{y}_1 - \dot{y}_2) = 0$$

これは，前に与えた結果と一致する．

2.6　オペアンプ

オペアンプは Operational Amplifier の略語で[*4]，アナログ回路の増幅器である．その機能は，図 2.43 の入力電圧 v_p, v_n，出力電圧 v_o，増幅率 A に関して，次の式のような関係が成立することである．

$$v_o = A(v_p - v_n) \tag{2.6.1}$$

オペアンプは弱い信号を増幅するために便利であるが，増幅率 A が非常に高い（$10^5 \sim 10^9$）ので，そのままで実用的な増幅器として使用することは難しかった．そこで Black は，抵抗などと組み合わたフィードバックを施すことによって，精度のよい反転／非反転増幅機や積分器，微分器，加減算器，アクティブフィルタなどを簡単に構成することを可能にした．以下では，その例をいくつか示すことにする．

2.6.1　反転／非反転増幅器

図 2.44 は反転増幅回路である[*5]．この回路の v_i から v_o までの増幅率は次のように導出できる．まず，オペアンプの増幅率が A なので，

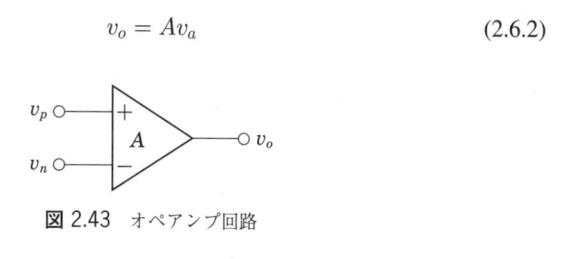

$$v_o = A v_a \tag{2.6.2}$$

図 2.43　オペアンプ回路

[*4] 回路図では OP と記されることが多い．
[*5] 実際の回路は供給電源，オフセット調整電圧，グランド間抵抗などが加わるが省略している．

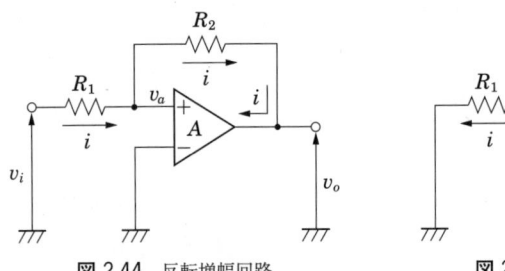

図 2.44 反転増幅回路 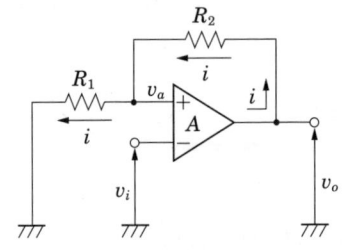　　**図 2.45** 非反転増幅回路

となる.v_i から抵抗 R_1 を通って流れる電流は,オペアンプの入力抵抗[*6]が非常に高いことから,すべて R_2 に流れる.すると,

$$v_i = R_1 i + v_a \tag{2.6.3}$$

$$v_a = v_o + R_2 i \tag{2.6.4}$$

(2.6.2), (2.6.3), (2.6.4) から,v_a と i を消去すると,

$$v_i = \frac{R_1}{R_2}\left(A^{-1} - 1\right)v_o + A^{-1}v_o \tag{2.6.5}$$

を得る.増幅率 A は十分に大きいとすれば,$A \to \infty$ として,次の関係を得る.

$$v_o = -\frac{R_2}{R_1}v_i \tag{2.6.6}$$

問題 2.6.1　　図 2.45 の回路によって非反転増幅器が構成できる.確かめよ.
(解答)

$$v_o = \left(1 + \frac{R_2}{R_1}\right)v_i \tag{2.6.7}$$

問題 2.6.2　　図 2.44 において,アンプへの入力端子の $-+$ を逆に接続しても同じ結果が得られることを示せ.

[*6] 正確にはインピーダンスである.

2.6 オペアンプ

図 2.46

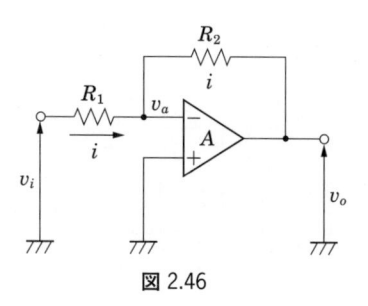

(解答)

$$v_i = R_1 i + v_a \tag{2.6.8}$$

$$v_a = v_o + R_2 i \tag{2.6.9}$$

図 2.46 の回路では，

$$v_o = -A v_a \tag{2.6.10}$$

となるから，(2.6.9) より，

$$i = \frac{1}{R_2}(-1 - A^{-1})v_o \tag{2.6.11}$$

であるから，(2.6.8) に代入して

$$v_i = \frac{R_1}{R_2}(-1 - A^{-1})v_o - A^{-1}v_o \tag{2.6.12}$$

$A \to \infty$ とすると，(2.6.6) と同じ結果が得られる．

通常，＋を接地するように IC 回路が作られているために，図 2.46 のように端子を接続しなければ機能しない場合が多いので注意を要する．以下図 2.47 から図 2.50 のように使う場合も，実際の使用には＋－を逆にして使用する必要がある．

2.6.2　加算器

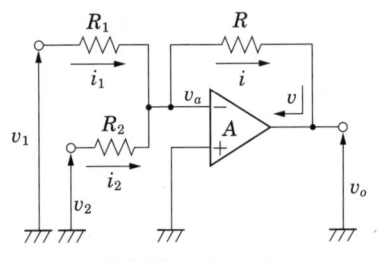

図 2.47　加算器回路

図 2.47 に加算器回路を示す．抵抗 R_1, R_2, R を調整することによって，入力電圧 v_1 と v_2 の和が出力電圧 v_o となる．この回路の式は次のようになる．

$$v_o = -Av_a$$
$$v_1 = R_1 i_1 + v_a$$
$$v_2 = R_2 i_2 + v_a$$
$$v_a = v_o + Ri$$
$$i = i_1 + i_2$$

これら 5 つの式から，v_a, i, i_1, i_2 を消去すると，

$$\left\{-\frac{1}{A}\left(\frac{1}{R}+\frac{1}{R_1}+\frac{1}{R_2}\right)-\frac{1}{R}\right\}v_o = \frac{v_1}{R_1}+\frac{v_2}{R_2} \tag{2.6.13}$$

$A \to \infty$ として，次の式を得る．

$$v_o = -\frac{R}{R_1}v_1 - \frac{R}{R_2}v_2 \tag{2.6.14}$$

このように，図 2.47 の回路は電圧 v_1 と v_2 の重み（R/R_1, R/R_2）つきの（反転）加算器回路になっている．特に $R = R_1 = R_2$ と選べば，次のように入力電圧の和を反転したものが，出力電圧となる．

$$v_o = -v_1 - v_2 \tag{2.6.15}$$

2.6.3　積分器／微分器

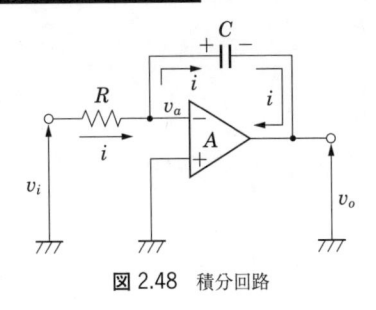

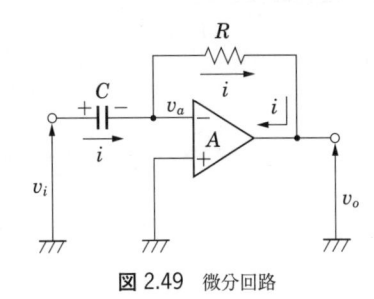

図 2.48　積分回路

図 2.49　微分回路

積分回路，微分回路をそれぞれ図 2.48, 2.49 に示す．まずは図 2.48 について考えよう．回路の方程式は，次のようになる．

$$v_o = -Av_a$$

$$v_i = Ri + v_a$$

$$v_a = \frac{1}{C}\int i\,dt + v_o$$

これらから v_a, i を消去して，次の式を得る．

$$-\frac{1}{A}\left(v_o + \frac{1}{RC}\int v_o\,dt\right) - v_o = \frac{1}{RC}\int v_i\,dt \tag{2.6.16}$$

$A \to \infty$ として，次の積分関係を得る．

$$v_o = -\frac{1}{RC}\int v_i\,dt \tag{2.6.17}$$

問題 2.6.3　図 2.49 の回路によって微分器が構成できる．$A \to \infty$ において，次の式が成立することを確かめよ．

$$v_o = -RC\frac{d}{dt}v_i \tag{2.6.18}$$

2.6.4 ローパスフィルタ

図 2.50 ローパスフィルタ

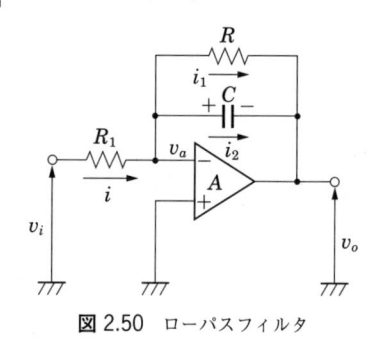

図 2.50 でローパスフィルタが構成できる．回路の方程式は，次のようになる．

$$v_o = -Av_a$$
$$v_a = Ri_1 + v_o$$
$$v_a = \frac{1}{C}\int i_2 dt + v_o$$
$$v_i = R_1 i + v_a$$
$$i = i_1 + i_2$$

これらから，v_a, i, i_1, i_2 を消去すると，次の方程式を得る．

$$-\frac{1}{A}\left(v_o + \frac{1}{C}\int\left(\frac{1}{R_1} + \frac{1}{R}\right)v_o dt\right) = \frac{1}{C}\int\left(\frac{v_i}{R_1} + \frac{v_o}{R}\right)dt + v_o \quad (2.6.19)$$

$A \to \infty$ として，次の式を得る．

$$v_o = -\int\left(\frac{1}{R_1 C}v_i + \frac{1}{RC}v_o\right)dt \quad (2.6.20)$$

両辺を微分して，整理すると次の微分方程式になる．

$$RC\dot{v}_o + v_o = -\frac{R}{R_1}v_i \quad (2.6.21)$$

これは，(2.3.6) と同じ回路になっていて，ローパスフィルタと呼ばれるが，どのような効果をもつのかは，4 章で学ぶことにしよう．

演習問題

2.1 次の機械系の入力 u に対する平衡点からのずれ y_i に関する微分方程式を求めよ．

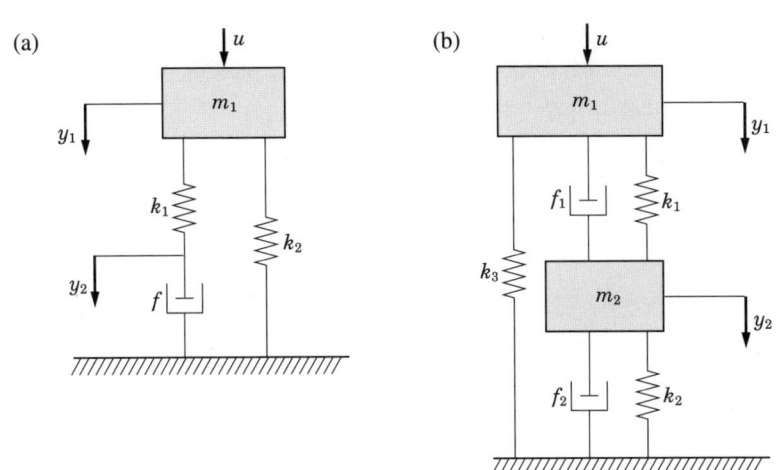

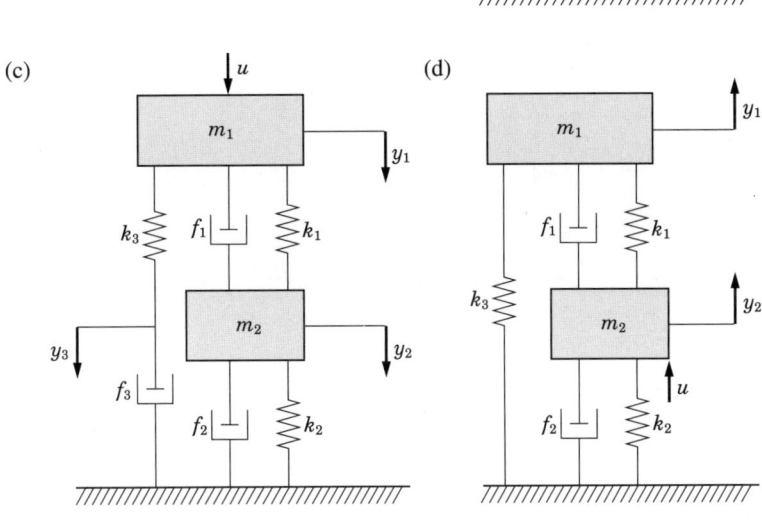

(a)

(b)

(c)

(d)

2.2 前頁のシステムに対して，ブロック線図を描け．

2.3 前頁のシステムに対して，力-電圧，速度-電流対応の等価な電気回路を求めよ．

2.4 前頁のシステムに対して，力-電流，速度-電圧対応の等価な電気回路を求めよ．

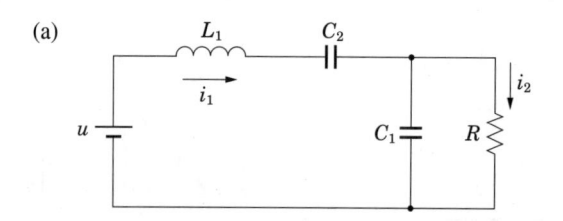

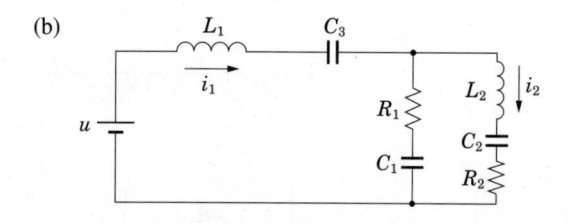

2.5 次の電気回路において，電圧 u を入力とし，電流 i_1, i_2 を出力するとき，これらの間の微分方程式を求めよ．

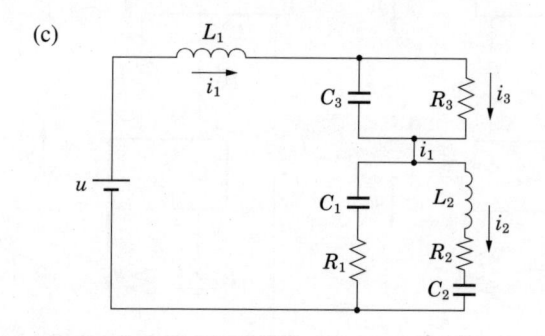

(d) 回路図

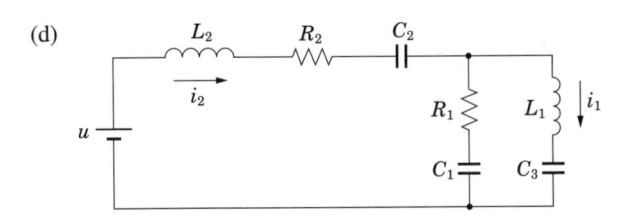

2.6 次の電気回路において，電流 u を入力とし，電圧 v_1, v_2 を出力するとき，これらの間の微分方程式を求めよ．

(a)

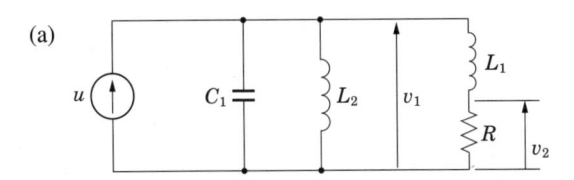

(b)

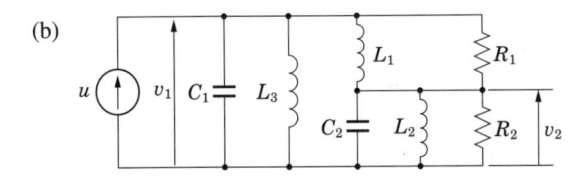

(c)

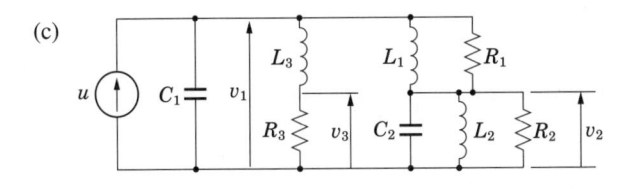

(d)

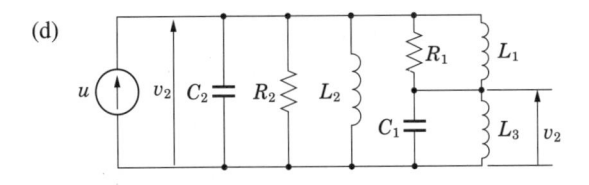

第3章

線形システムの解析

3.1 ラプラス変換

3.1.1 オリヴァー・ヘビサイド(Oliver Heviside)

　過渡現象の解析に，演算子法を利用することを始めたのはオリヴァー・ヘビサイド（1850-1925）である．彼は貧しい家に生まれ，16歳までしか学校教育を受けなかった．また24歳で電信会社を辞め，研究に専心する．1887年，微分 d/dt を p, 積分 $\int$ を $1/p$ で表し，過渡現象を表す微分方程式を代数的に解く方法を提案した．この方法は一般にヘビサイドの演算子法といわれる．また回路の電流と電圧の関係を与える伝達関数に相当するものを "Resistance-Operator" と名づけた．彼の演算子法は，正しい結果を与えるがその数学的な正確さが欠けるために数学者達に受け入れられず，彼の論文は，彼が Fellow である王立学会 (Royal Society) の会誌 (Proceedings) で 1, 2 報は出版されたものの，3 報以降の論文は，数学的正確さに問題があるという理由で，王立学会 Fellow の論文は査読なしに出版されるという伝統に反して出版を拒否された．それに対し彼は，

　　Shall I refuse my dinner because I do not fully understand the process of digestion?
　　(消化のプロセスを完全に理解しないと，食事をしてはいけないのか？)

と 1894 年に述べている[13]．これは実用的に使えるものならば，使った方がよいのではないかという彼の考え方を表したものである．

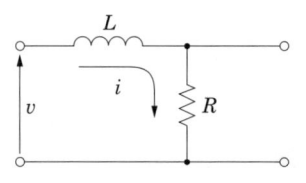

図 3.1 コイル・抵抗・直列系

彼の方法を説明しよう．たとえば図 3.1 に示すコイルと抵抗が直列につながっている回路で，電圧 v を次式に示すように，ステップ状に変化させる[*1]．

$$v(t) = \mathbf{1}(t) = \begin{cases} 1, & t \geq 0 \\ 0, & t < 0 \end{cases}$$

このとき，微分 d/dt を p で表すと，電圧 v と電流 i の関係は

$$(R + Lp)i = v \tag{3.1.1}$$

であるから，電圧がステップ関数の場合，ヘビサイドは次のように展開した．

$$i = \frac{1}{R + Lp}\mathbf{1} = \frac{1}{R}\left[\frac{R}{L}p^{-1} - \left(\frac{R}{L}\right)^2 p^{-2} + \cdots\right]\mathbf{1}. \tag{3.1.2}$$

このように微分を展開することを彼は"代数化"と呼んだ．しかし，これは一般には正しくない．p が定数でない場合は，このように記述できないことは，ライプニッツ，オイラー (Leibniz, Euler) によって古くから示されているそうであるが，ヘビサイドは知らなかった[15]．しかし上の級数は

$$\frac{1}{p}\mathbf{1} = \int_0^t d\tau = t$$

$$\frac{1}{p^2}\mathbf{1} = \int_0^t \int_0^\tau d\tau' d\tau = \int_0^t \tau d\tau = \frac{1}{2}t^2$$

$$\vdots$$

$$\frac{1}{p^n}\mathbf{1} = \frac{t^n}{n!}, \quad t \geq 0$$

[*1] ステップ関数 $\mathbf{1}(t)$ はヘビサイドによって定義されている．

を使うと

$$i = \frac{1}{R}\left[\frac{R}{L}t - \left(\frac{R}{L}\right)^2\frac{t^2}{2!} + \cdots\right] \quad (3.1.3)$$

$$= \frac{1}{R}\left[1 - e^{-(R/L)t}\right], \quad t \geq 0 \quad (3.1.4)$$

という正しい結果を与える．彼の方法は大変な議論をまきおこした．特に彼の方法に興味をもったのが，ブロムヴィッチ（Bromwich）で彼の方法を正当化するためにいろいろ研究し，演算子は複素数であり演算子での表現はラプラス変換で与えられる複素数領域の積分であることを示した．皮肉にもこれがヘビサイドの演算子での数学的な正確さを否定したが，ヘビサイドの考え方の演算子法による過渡現象の解析は，ラプラス変換を使用して行えることを明らかにし，演算子法による解析に数学的厳密さをもたらし，ラプラス変換が実用的に使用されるようになった．

3.1.2 ラプラス変換

対数は，かけ算を加算で取り扱うことを可能にしたが，微分方程式の解のような時間関数の取り扱いを容易にしてくれるものに，ラプラス変換がある[*2]．$0 \leq t < \infty$ の時間区間で

$$\int_0^\infty |f(t)|e^{-ct}dt < \infty$$

なる実数 c が存在する関数 $f(t)$ で定義される時間関数のラプラス変換は，次のように定義される．

$$F(s) = \int_0^\infty f(t)e^{-st}dt \quad (3.1.5)$$

s はその実部 $\mathrm{Re}(s)$ が c より大きい複素数で，通常はラプラス変換における変数を表す．

[*2] 筆者は，恩師の伊沢先生から「かけ算を簡単に足し算で計算するのに対数を使うように，微分方程式を代数的に解くのにラプラス変換を使う」と教えられた．アナロジーとして大変おもしろい．

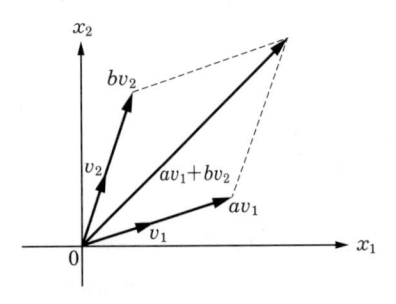

図 3.2 線形ベクトルの和

$0 \leq t < \infty$ の時間区間全体で定義される時間関数を f で表す．$f(t)$ は時間 t における関数 f の値を表している．$F(s)$ は f を変換したものであるので，f のラプラス変換を次のように表すことにする．

$$\mathcal{L}(f) \stackrel{\mathrm{d}}{=} F(s) \tag{3.1.6}$$

後に示すように $f(0) = 0$ であるなら $\mathcal{L}(f^{(1)}) = sF(s)$ が成立する，すなわち s は微分を表すので，s はヘビサイドの演算子 p と一致する．

一方で $F(s)$ が与えられるとき，時間関数 $f(t)$ はラプラス逆変換 $\mathcal{L}^{-1}$ によって求められる．

$$f(t) = \mathcal{L}^{-1}(F(s)) = \frac{1}{2\pi j} \int_{c-j\infty}^{c+j\infty} F(s)e^{st}ds \tag{3.1.7}$$

ラプラス変換の特徴は次のようなものがある．

① **ラプラス変換の特徴**

(1) **線形性**[*3]

$$\mathcal{L}(f_1) = F_1(s)$$

[*3] 線形集合とは要素の集まりである．(1) 任意の二つの要素の和が再び集合の要素になっている．(2) 集合の任意の要素の実数倍も再び集合の要素になっているとき，この集合を線形空間と呼ぶ．線形空間の例として，図 3.2 のように 2 次元平面では，任意の要素 v_1 の a 倍 av_1 も，要素 v_2 の b 倍 bv_2 も要素としてもち，これらの和

$$av_1 + bv_2$$

も要素であるので線形空間である．それでは，正の時間で定義される時間関数の集合を考えると，v_1 なる信号の a 倍も正の時間で定義される関数であり，v_2 なる信号の b 倍も正の時間で定義される関数であるから，それらの和も正の時間で定義される時間関数であるので，正の時間で定義される時間関数の集合も線形空間であることがわかる．

3.1 ラプラス変換

$$\mathcal{L}(f_2) = F_2(s)$$

とする．実数 α, β に対して

$$\mathcal{L}(\alpha f_1 + \beta f_2) = \alpha F_1(s) + \beta F_2(s) \tag{3.1.8}$$

$$\mathcal{L}^{-1}(\alpha F_1 + \beta F_2) = \alpha f_1(t) + \beta f_2(t) \tag{3.1.9}$$

(2) 時間推移

$f(t-L) \equiv 0, \forall t < L$ なる時間関数 $f_L(t)$:

$$f_L(t) = \begin{cases} f(t-L) & t \geq L \\ 0 & t < L \end{cases}$$

に対して

$$\mathcal{L}(f_L) = e^{-Ls} F(s) \tag{3.1.10}$$

(3) 変数推移

α を複素数とし，

$$F_\alpha(s) = F(s+\alpha)$$

とすると

$$\mathcal{L}^{-1} F_\alpha = e^{-\alpha t} f(t) \tag{3.1.11}$$

(4) 時間微分

$$\mathcal{L}(f^{(1)}) = sF(s) - f(0) \tag{3.1.12}$$

$$\mathcal{L}(f^{(2)}) = s^2 F(s) - sf(0) - f^{(1)}(0) \tag{3.1.13}$$

$$\mathcal{L}(f^{(k)}) = s^k F(s) - \sum_{i=1}^{k} s^{k-i} f^{(i-1)}(0) \tag{3.1.14}$$

(5) 時間積分[*4]

[*4] f の n 回積分を $f^{(-n)}$ で表す．

$$f^{(-n)} = \int \cdots \int f \, d\tau_1 \cdots d\tau_n$$

$$\mathcal{L}(f^{(-1)}) = \frac{F(s)}{s} + \frac{f^{(-1)}(0)}{s} \tag{3.1.15}$$

$$\mathcal{L}(f^{(-2)}) = \frac{F(s)}{s^2} + \frac{f^{(-1)}(0)}{s^2} + \frac{f^{(-2)}(0)}{s} \tag{3.1.16}$$

$$\mathcal{L}(f^{(-k)}) = \frac{F(s)}{s^k} + \sum_{i=0}^{k-1} s^{-(k-i)} f^{-(i+1)}(0) \tag{3.1.17}$$

(6) たたみ込み積分

$t < 0$ において $u(t) = 0$ とする.

$$y(t) = \int_0^t h(\tau)u(t-\tau)d\tau \tag{3.1.18}$$

と y を定義すると,

$$H(s) = \int_0^\infty h(\tau)e^{-s\tau}d\tau, \ U(s) = \int_0^\infty u(\tau)e^{-s\tau}d\tau$$

に対して,

$$\mathcal{L}(y) = H(s)U(s) \tag{3.1.19}$$

すなわち (3.1.18) に対して

$$Y(s) = \int_0^\infty y(\tau)e^{-s\tau}d\tau$$

と定義すれば,

$$Y(s) = H(s)U(s) \tag{3.1.20}$$

が成立する. これは線形システムで重要な入出力関係で, 後の節でもう一度詳しく述べる.

(7) 初期値定理, 最終値定理

(a) 初期値定理

$$\lim_{t \to 0+} f(t) = \lim_{s \to \infty} sF(s) \tag{3.1.21}$$

(b) 最終値定理

$$\lim_{t \to \infty} f(t) = \lim_{s \to 0} sF(s) \tag{3.1.22}$$

3.1 ラプラス変換

上に述べた特徴(1)から(7)を証明しておく.

② 証 明

(1) 線形性

$$\mathcal{L}(\alpha f_1 + \beta f_2) = \int_0^\infty (\alpha f_1(t) + \beta f_2(t))e^{-st}dt$$
$$= \alpha \int_0^\infty f_1(t)e^{-st}dt + \beta \int_0^\infty f_2(t)e^{-st}dt$$
$$= \alpha F_1(s) + \beta F_2(s)$$

逆変換も同様である.

(2) 時間推移

$t' = t - L$ とおく. $t < L$ では $f_L(t) = 0$ であるから, t について L から ∞ の積分区間が, t' については, 0 から ∞ に変わる.

$$\int_0^\infty f_L(t)e^{-st}dt = \int_L^\infty f(t-L)e^{-s(t-L)}e^{-sL}dt$$
$$= \int_0^\infty f(t')e^{-st'}dt' e^{-sL}$$
$$= e^{-sL}F(s)$$

(3) 変数推移

$$\frac{1}{2\pi j}\int_{c-j\infty}^{c+j\infty} F(s+\alpha)e^{st}ds = \frac{1}{2\pi j}\int_{c-j\infty}^{c+j\infty} F(s+\alpha)e^{(s+\alpha)t}e^{-\alpha t}ds$$
$$= e^{-\alpha t}f(t)$$

(4) 時間微分

$\lim_{t\to\infty} |f(t)e^{-st}| = 0$ であるから, 部分積分を用いて[*5]

$$\int_0^\infty (\frac{d}{dt}f(t))e^{-st}dt = [f(t)e^{-st}]_0^\infty - \int_0^\infty f(t)\frac{d}{dt}(e^{-st})dt$$
$$= sF(s) - f(0)$$

したがって (3.1.12) が成立する. これをくり返して, (3.1.13), (3.1.14) を得る.

[*5] 部分積分は, 次のように証明できる. まず, 時間関数の積の微分から

$$\frac{d}{dt}(f(t)g(t)) = \frac{d}{dt}f(t)\,g(t) + f(t)\frac{d}{dt}g(t) \qquad (3.1.23)$$

(5) 時間積分
$$\mathcal{L}\left(\int_0^t f(\tau)d\tau\right) = F^{(-1)}(s)$$
とすると，部分積分を用いて
$$\begin{aligned}F^{(-1)}(s) &= \int_0^\infty \int_0^t f(\tau)d\tau e^{-st}dt \\ &= \left[-\int_0^t f(\tau)d\tau \frac{e^{-st}}{s}\right]_0^\infty - \int_0^\infty \left(-\frac{e^{-st}}{s}\right)f(t)dt \\ &= \frac{F(s)}{s} + \frac{f^{(-1)}(0)}{s}\end{aligned}$$

ゆえに (3.1.15) が成立する[*6]．(3.1.16)，(3.1.17) はこれをくり返し用いればよい．

(6) たたみ込み積分
$$y(t) = \int_0^\infty h(\tau)u(t-\tau)d\tau$$
で出力が与えられるとき，$t < 0$ において $u(t) = 0$ とすると
$$y(t) = \int_0^t h(\tau)u(t-\tau)d\tau \tag{3.1.25}$$

このラプラス変換を次のように行う．
$$\mathcal{L}(y) = \int_0^\infty \int_0^t h(\tau)u(t-\tau)d\tau e^{-st}dt \tag{3.1.26}$$

τ について積分し，ついで t について積分する場合の積分区間は，τ について $[0,t]$ であり t については $[0,\infty)$ である上記の積分の積分順序を変えて t についてまず積分し，ついで τ について積分すると，積分区間が t については $[\tau,\infty)$，τ については $[0,\infty)$ に変わる．この積分順序の変更による積分区間の変化は 3.2.3 項に詳しく説明している．すなわち

$$\mathcal{L}(y) = \int_0^\infty h(\tau) \int_\tau^\infty u(t-\tau)e^{-s(t-\tau)}dt e^{-s\tau}d\tau \tag{3.1.27}$$

この両辺を積分し
$$[fg]_0^\infty = \int_0^\infty \frac{d}{dt}fg\,dt + \int_0^\infty f\frac{d}{dt}g\,dt \tag{3.1.24}$$
$$g(t) = e^{-st}$$

とすると関係式が求まる．

[*6] (3.1.12) を用いても証明できる

3.1 ラプラス変換

$t - \tau$ を t' と変数変換をすると

$$= \int_0^\infty h(\tau)e^{-s\tau}d\tau \int_0^\infty u(t')e^{-st'}dt'$$
$$= H(s)U(s)$$

で記述され，たたみ込み積分のラプラス変換が積で与えられることが証明される．

(7) 初期値定理，最終値定理の証明

$$\int_0^\infty f^{(1)}(t)e^{-st}dt = sF(s) - f(0)$$

より，上式を $s \to \infty$ とすると左辺は 0 であるから，右辺より初期値定理が成立する．逆に $s = 0$ とすると左辺は

$$[f(t)]_0^\infty = \lim_{t \to \infty} f(t) - f(0)$$

となるから，最終値定理が成立する．

問題 3.1.1 $e^{-\alpha t}$ のラプラス変換を求めよ．
(解答) $1/(s+\alpha)$

問題 3.1.2 下式の逆ラプラス変換を求めよ．ただし $\alpha \neq \beta$ とする．

$$\frac{(s+\gamma)}{(s+\alpha)(s+\beta)}$$

(解答)

$$\frac{(s+\gamma)}{(s+\alpha)(s+\beta)} = \frac{A}{s+\alpha} + \frac{B}{s+\beta}$$

とすると

$$A = \lim_{s \to -\alpha}(s+\alpha)\frac{(s+\gamma)}{(s+\alpha)(s+\beta)} = \frac{-\alpha+\gamma}{-\alpha+\beta}$$

$$B = \lim_{s \to -\beta}(s+\beta)\frac{(s+\gamma)}{(s+\alpha)(s+\beta)} = \frac{-\beta+\gamma}{-\beta+\alpha}$$

となる．前問より $\mathcal{L}(e^{-\alpha t}) = 1/(s+\alpha)$ であるから，求める逆ラプラス変換は

$$\frac{-\alpha+\gamma}{-\alpha+\beta}e^{-\alpha t} + \frac{-\beta+\gamma}{-\beta+\alpha}e^{-\beta t}$$

で与えられる．

問題 3.1.3 $\sin \omega t$ のラプラス変換を求めよ．
(解答) (1.4.29) を用いる．

$$\begin{aligned}
\mathcal{L}(\sin \omega t) &= \int_0^\infty \sin \omega t\, e^{-st} dt \\
&= \int_0^\infty \frac{e^{j\omega t} - e^{-j\omega t}}{2j} e^{-st} dt \\
&= \frac{1}{2j}\left\{\left[\frac{e^{(-s+j\omega)t}}{-s+j\omega}\right]_0^\infty + \left[\frac{e^{-(s+j\omega)t}}{s+j\omega}\right]_0^\infty\right\} \\
&= \frac{1}{2j}\left(\frac{-1}{-s+j\omega} + \frac{-1}{s+j\omega}\right) \\
&= \frac{\omega}{s^2+\omega^2}
\end{aligned}$$

問題 3.1.4 次の単位ステップ関数 $\mathbf{1}(t)$ のラプラス変換を求めよ．

$$\mathbf{1}(t) = \begin{cases} 1 & t \geq 0 \\ 0 & t < 0 \end{cases}$$

(解答)

$$\int_0^\infty f(t)e^{-st}dt = \int_0^\infty e^{-st}dt = \left[\frac{e^{-st}}{-s}\right]_0^\infty = \frac{1}{s}$$

問題 3.1.5 図 3.3 で示される単位時間ホールド関数 $f(t)$ のラプラス変換を求めよ．

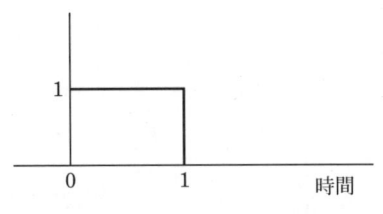

図 3.3　単位時間ホールド関数

(解答)

$$F(s) = \int_0^\infty f(t)e^{-st}dt = \int_0^1 e^{-st}dt = \left[\frac{e^{-st}}{-s}\right]_0^1 = \frac{e^{-s}}{-s} + \frac{1}{s} = \frac{1-e^{-s}}{s}$$

これは単位ステップ関数 $1(t)$ と，$-1(t-1)$ の和から求められるとも考えられるので，ラプラス変換の特徴 2：時間推移 (3.1.10) を用いて，

$$F(s) = \int_0^\infty \left(1(t) - 1(t-1)\right)e^{-st}dt = \frac{1}{s} - \frac{e^{-s}}{s} = \frac{1-e^{-s}}{s}$$

と同じ結果を得ることができる．

以上の結果を表 3.1 にまとめておく．

3.1.3　簡単な線形微分方程式の解法

ラプラス変換は微分方程式を代数的に解くために有効である．いくつかの線形微分方程式の解を求めてみよう．

① 1 次微分方程式

まず，次の 1 次の微分方程式の解を求める．

$$\frac{d}{dt}x(t) + ax(t) = 0 \tag{3.1.28}$$

ここで $x(0)$ は与えられているとする．この微分方程式の解はもちろん $x(t) = e^{-at}$ であるが，ここではラプラス変換を用いて解いてみよう．$x(t)$ のラプラス変換を

表 3.1　ラプラス変換表

時間関数	ラプラス変換	備考
$f(t)$	$F(s)$	
e^{-at}	$\dfrac{1}{s+a}$	$\int_0^\infty e^{-at}e^{-st}dt = \dfrac{1}{s+a}$
$f(t)e^{-at}$	$F(s+a)$	$\int_0^\infty f(t)e^{-at}e^{-st}dt = F(s+a)$
$\dfrac{d}{dt}f(t)$	$sF(s)-f(0)$	$\int_0^\infty \dfrac{d}{dt}f(t)e^{-st}dt$
		$= [f(t)e^{-st}]_0^\infty + s\int_0^\infty f(t)e^{-st}dt$
		$= sF(s) - f(0)$
$1(t)$	$\dfrac{1}{s}$	$\int_0^\infty e^{-st}dt = \left[-\dfrac{1}{s}e^{-st}\right]_0^\infty$
$f(t-L)$	$e^{-sL}F(s)$	
$\sin\omega t$	$\dfrac{\omega}{s^2+\omega^2}$	
$\cos\omega t$	$\dfrac{s}{s^2+\omega^2}$	
$\displaystyle\lim_{t\to\infty} f(t) = \lim_{s\to 0} sF(s)$		$\displaystyle\lim_{s\to 0}\int_0^\infty \dfrac{d}{dt}f(t)e^{-st}dt$
		$= f(\infty) - f(0)$
		$= \displaystyle\lim_{s\to 0} sF(s) - f(0)$
$\displaystyle\lim_{t\to 0} f(t) = \lim_{s\to\infty} sF(s)$		$\displaystyle\lim_{s\to\infty}\int_0^\infty \dfrac{d}{dt}f(t)e^{-st}dt$
		$= \displaystyle\lim_{s\to\infty} sF(s) - f(0)$
		$= 0$

$X(s)$ と表すことにする．前節の結果より，(3.1.28) のラプラス変換は，

$$sX(s) - x(0) + aX(s) = 0 \tag{3.1.29}$$

すなわち，

$$X(s) = \frac{1}{s+a}x(0)$$

これを逆ラプラス変換することにより，

$$x(t) = e^{-at}x(0) \tag{3.1.30}$$

と，微分方程式の解が求められる．

② 2次微分方程式

1次微分方程式なら解は暗算で求まるが，2次の場合には通常は困難である．しかしラプラス変換を用いれば容易に求まる．次の2次微分方程式の解 $x(t)$ を求めよう．

$$\frac{d^2}{dt^2}x(t) + 3\frac{d}{dt}x(t) + 2x(t) = 0 \tag{3.1.31}$$

ただし，$x(0) \neq 0, \dot{x}(0) = 0$ としておく．ラプラス変換を行うと，

$$s^2 X(s) - sx(0) - \dot{x}(0) + 3(sX(s) - x(0)) + 2X(s) = 0$$

$\dot{x}(0) = 0$ を用いて，問題 3.1.2 と同様に，

$$\begin{aligned} X(s) &= \frac{s+3}{s^2 + 3s + 2}x(0) \\ &= \frac{s+3}{(s+1)(s+2)}x(0) \\ &= \left(\frac{2}{s+1} - \frac{1}{s+2}\right)x(0) \end{aligned}$$

逆ラプラス変換から，次の解を得る．

$$x(t) = \left(2e^{-t} - e^{-2t}\right)x(0)$$

3.2 線形システムと入出力関係

3.2.1 線形システムとは

あるシステムについて，その入力が時間関数 u_1, u_2 のときに，出力がそれぞれ時間関数 y_1, y_2 で与えられるものとする．そのシステムが，線形システムであるとは，任意の実数 α, β に対して，入力が $\alpha u_1 + \beta u_2$ のとき，出力が $\alpha y_1 + \beta y_2$ となることである (図 3.4)．ここで入力，出力とも線形空間の要素になっている．

これまでの質量-ばね-ダッシュポットの直線運動機械系と慣性モーメント-スプ

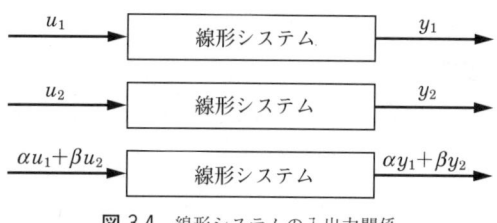

```
    u_1      →  [線形システム]  →  y_1
    u_2      →  [線形システム]  →  y_2
αu_1+βu_2    →  [線形システム]  →  αy_1+βy_2
```

図 3.4 線形システムの入出力関係

リング-ダンパの回転運動系，抵抗-コンデンサ-コイルの電気回路系は，それぞれの（定数）パラメータが入力や出力によって変化しない場合，線形システムとなる．それらのシステムは一般に a_i, b_i をパラメータとして，次のように書ける．

$$y^{(n)} + a_1 y^{(n-1)} + \cdots + a_n y = b_0 u^{(n)} + b_1 u^{(n-1)} + \cdots + b_n u \tag{3.2.1}$$

上式で入力-出力関係が記述されるとき，入力 u_1, u_2 に対する出力がそれぞれ y_1, y_2 とすれば，次の (3.2.2), (3.2.3) が成立する．

$$y_1^{(n)} + a_1 y_1^{(n-1)} + \cdots + a_n y_1 = b_0 u_1^{(n)} + b_1 u_1^{(n-1)} + \cdots + b_n u_1 \tag{3.2.2}$$

$$y_2^{(n)} + a_1 y_2^{(n-1)} + \cdots + a_n y_2 = b_0 u_2^{(n)} + b_1 u_2^{(n-1)} + \cdots + b_n u_2 \tag{3.2.3}$$

ここで，$u_i, y_i\ (i=1,2)$ によって $a_i, b_i\ (i=1,2)$ が変化しないのなら，$\alpha \times$(3.2.2)$+\beta \times$(3.2.3) によって，次の式を得る．

$$\begin{aligned}
&(\alpha y_1^{(n)} + \beta y_2^{(n)}) + a_1(\alpha y_1^{(n-1)} + \beta y_2^{(n-1)}) + \cdots + a_n(\alpha y_1 + \beta y_2) \\
&= b_0(\alpha u_1^{(n)} + \beta u_2^{(n)}) + b_1(\alpha u_1^{(n-1)} + \beta u_2^{(n-1)}) + \cdots + b_n(\alpha u_1 + \beta u_2)
\end{aligned} \tag{3.2.4}$$

すなわち $\alpha u_1 + \beta u_2$ となる入力に対する出力は $\alpha y_1 + \beta y_2$ となることから，線形システムになっていることが証明できた．

以上をいいかえてまとめよう．線形システムとは，入力 u_1, u_2 の出力をそれぞれ y_1, y_2 とするとき，次の2つを満たすことである．

(1) $u_1 + u_2$ の出力は $y_1 + y_2$ となる．
(2) αu_1 の出力は αy_1 となる．

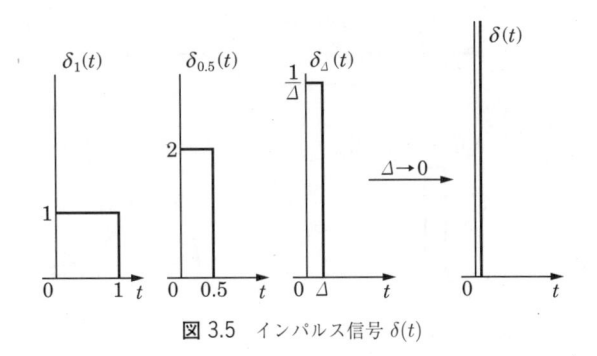

3.2 線形システムと入出力関係

図 3.5　インパルス信号 $\delta(t)$

特に，$u(t)$ に対する出力を $y(t)$ とするとき，任意の L に対し $u(t-L)$ の出力が $y(t-L)$ となるなら，システムは時不変という．これは，$a_i, b_i\,(i=1,2)$ が定数である場合はシステムが線形時不変となる．

3.2.2　インパルス応答と入出力関係

本項では，線形時不変システムの入出力関係を求める．その前に，線形システムのインパルス応答を考える．図 3.5 で示すように，時間 $0 \leq t < \Delta$ の間で $1/\Delta$ の高さをもつ信号を $\delta_\Delta(t)$ とする．インパルス信号 $\delta(t)$ を

$$\delta(t) = \lim_{\Delta \to 0} \delta_\Delta(t) \tag{3.2.5}$$

で定義する．この信号は，幅は 0 に等しく，高さは無限大で，かつ面積は 1 である．

$$\int_{-\infty}^{\infty} \delta(t)\,dt = \lim_{\Delta \to 0} \int_0^\Delta \frac{1}{\Delta}\,dt = 1$$

$\delta_\Delta(t)$ を線形時不変システムに加えたときの出力を $h_\Delta(t)$ で表す．$\delta(t)$ に対応する応答 $h(t)$ を"インパルス応答"という．

$$h(t) = \lim_{\Delta \to 0} h_\Delta(t) \tag{3.2.6}$$

このようなインパルス $\delta(t)$ を実際のシステムに加えることは難しい．もし理

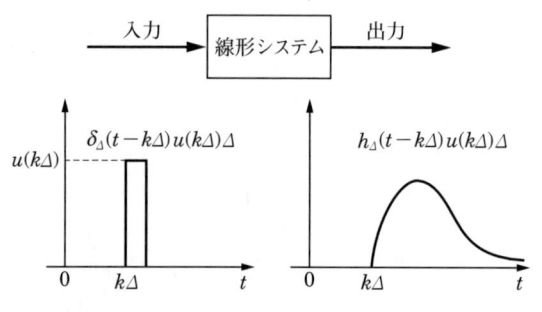

図3.6 $k\Delta$ だけ遅れたインパルス入力とその出力

想的に加えられたら，得られる出力は $h(t)$ である．

以下では，線形時不変系における入出力関係を求める．線形時不変システムでは，$\delta_\Delta(t)$ なる入力に対する出力は $h_\Delta(t)$ となる．

時刻 $k\Delta$ から $(k+1)\Delta$ まで高さ $u(k\Delta)$ の矩形型の入力信号があるとする．この信号は，次のように表される．

$$\delta_\Delta(t-k\Delta)u(k\Delta)\Delta \tag{3.2.7}$$

$\delta_\Delta(t)$ に対する応答が $h_\Delta(t)$ であるシステムに対して上述の信号に対する応答は次のように表される．

$$h_\Delta(t-k\Delta)u(k\Delta)\Delta \tag{3.2.8}$$

入力信号 $u(t)$ を矩形近似して表したものを，$u_\Delta(t)$ とすると

$$u_\Delta(t) = \sum_{k=-\infty}^{t/\Delta} \delta_\Delta(t-k\Delta)u(k\Delta)\Delta \tag{3.2.9}$$

と表せる．ここで，t は Δ の整数倍の時刻だけを取ると仮定する．この入力に対する出力 $y(t)$ は次のように表される．

$$y(t) = \sum_{k=-\infty}^{t/\Delta} h_\Delta(t-k\Delta)u(k\Delta)\Delta \tag{3.2.10}$$

Δ をゼロになるまで小さくする．すなわち $\Delta \to 0$ とすると

3.2 線形システムと入出力関係

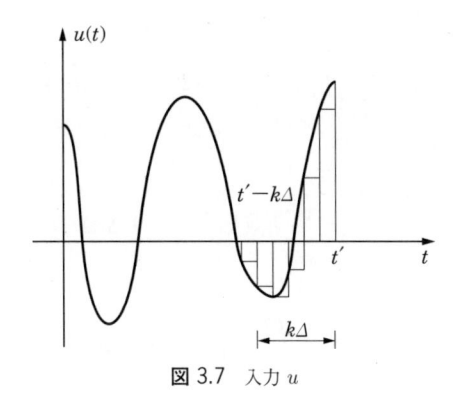

図 3.7 入力 u

$$y(t) = \int_{-\infty}^{t} h(t-\tau)u(\tau)d\tau \tag{3.2.11}$$

ここで，$t-\tau=\tau'$ と変数変換すると，積分区間は，τ について $(-\infty, t)$ が τ' について $(\infty, 0)$ となり，$-d\tau = d\tau'$ を用いると

$$y(t) = \int_{0}^{\infty} h(\tau')u(t-\tau')d\tau' \tag{3.2.12}$$

この関係式は，次のように導くこともできる．

図 3.7 に示すように，与えられた時間 t' を固定し，そこまで入力が入っているとすると，それから $k\Delta$ 前の高さ $u(t'-k\Delta)$ の矩形状の信号は

$$\delta_\Delta(t-(t'-k\Delta))u(t'-k\Delta)\Delta \tag{3.2.13}$$

で与えられるから，この信号を入力とするときの出力信号は，次のように表せる．

$$h_\Delta(t-(t'-k\Delta))u(t'-k\Delta)\Delta \tag{3.2.14}$$

一方，矩形近似した入力信号は次のように表せる．

$$u_\Delta(t) = \sum_{k=0}^{\infty} \delta_\Delta(t-(t'-k\Delta))u(t'-k\Delta)\Delta \tag{3.2.15}$$

この入力に対する出力は，

$$y(t) = \sum_{k=0}^{\infty} h_\Delta(t-(t'-k\Delta))u(t'-k\Delta)\Delta \tag{3.2.16}$$

$t = t'$ に対する応答は，

$$y(t) = \sum_{k=0}^{\infty} h_\Delta(k\Delta)u(t-k\Delta)\Delta \tag{3.2.17}$$

$\Delta \to 0$ とすると

$$y(t) = \int_0^\infty h(\tau)u(t-\tau)d\tau \tag{3.2.18}$$

が導かれる．

特に $u(t) \equiv 0, t < 0$ のとき，

$$y(t) = \int_0^t h(\tau)u(t-\tau)d\tau = \int_0^t h(t-\tau)u(\tau)d\tau \tag{3.2.19}$$

となる．

3.2.3　入出力信号のラプラス変換とたたみ込み積分

(3.2.1) のように，線形システムの入力-出力関係が与えられるとき，与えられた入力に対する出力を簡単に求めることができれば便利である．特に過渡状態の入力-出力がどのような挙動をするかを知ることが動的なシステムの取扱いで最も重要なことである．(3.2.19) に示すように，システムのインパルス応答 $h(t)$ がわかれば，入力 $u(t)$ から出力 $y(t)$ は計算できる．しかし 3.1.3 項で示したように，ラプラス変換を用いれば，(3.2.19) のように時間積分を行うことなく，与えられた微分方程式から出力 $y(t)$ を代数的に計算できる．

(3.1.20) に示したたたみ込み積分をもう一度行ってみよう．(3.2.19) のように記述される入出力関係で $u(t) = 0$ $(t<0)$, $y(t) = 0$ $(t<0)$ とすると

3.2 線形システムと入出力関係

$$\begin{aligned}
Y(s) &= \int_0^\infty y(t)e^{-st}dt \\
&= \int_0^\infty \int_0^t h(\tau)u(t-\tau)d\tau e^{-st}dt \\
&= \int_0^\infty h(\tau)\int_\tau^\infty u(t-\tau)e^{-s(t-\tau)}dt\, e^{-s\tau}d\tau \\
&= \int_0^\infty h(\tau)e^{-s\tau}d\tau \int_0^\infty u(t')e^{-st'}dt' \\
&= H(s)U(s) \quad\quad\quad (3.2.20)
\end{aligned}$$

3番目の等号では，右図の積分領域について積分順序を交換している．

このように，(3.2.19) における $h(t)$ と $u(t)$ のたたみ込み積分を，(3.2.20) のように掛け算に変更できるので，たいへん便利である．ここで現れた，システムのインパルス応答 $h(t)$ のラプラス変換 $H(s)$ を伝達関数 (transfer function) という．

表 3.2 に log とのアナロジーを示す．log は掛け算を足し算で解くために用いることができるが，ラプラス変換は，微分方程式を代数的に解くことを可能にしている．

表 3.2 log とラプラス変換のアナロジー

数	対数	時間関数		ラプラス変換
x	$\longrightarrow$ $\log x$	$u(t)$	$\longrightarrow$	$U(s)$
y	$\longrightarrow$ $\log y$	入出力関係の微分方程式		
$\downarrow$	$\downarrow +$	$y^{(n)}+a_1 y^{(n-1)}+\cdots+a_n y$		$(s^n+a_1 s^{n-1}+\cdots+a_n)Y(s)$
xy	$\longleftarrow$ $\log x + \log y$	$=b_1 u^{(n-1)}+\cdots+b_n u$	$\longrightarrow$	$=(b_1 s^{n-1}+\cdots+b_n)U(s)$
				$\downarrow$
		$y(t)$	$\longleftarrow$	$Y(s) = \dfrac{b_1 s^{n-1}+\cdots+b_n}{s^n+a_1 s^{n-1}+\cdots+a_n}U(s)$

3.2.4 伝達関数

線形システムの入力-出力関係が与えられたとき，すべての初期状態を 0 とするときの，入力に対する出力の時間応答を求めることがしばしば必要になる．前項で示したように，すべての初期状態を 0 とするときの入力と出力のラプラス変

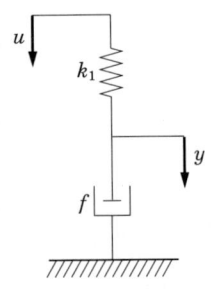

図 3.8 ばね-ダッシュポット系

換の比を伝達関数という．

$$伝達関数 = \frac{出力のラプラス変換}{入力のラプラス変換} \quad (初期状態\ 0)$$

$$H(s) = \frac{Y(s)}{U(s)}$$

それでは，図 3.8 のようなばね-ダッシュポット系を考えよう．ばねの一端の変位を u とするときの他端の変位 y は，

$$f\dot{y} = k(u - y)$$

であるから，

$$f\dot{y} + ky = ku$$

両辺を初期状態を 0 としてラプラス変換をすると，

$$(fs + k)Y(s) = kU(s)$$
$$\frac{Y(s)}{U(s)} = \frac{k}{fs + k}$$

が伝達関数である．前節に示したように，一般にシステムの伝達関数 $H(s)$ が与えられるとき，出力 $Y(s)$ は，入力 $U(s)$ を用いて

$$Y(s) = H(s)U(s)$$

で与えられる．たとえば，入力 $U(s)$ がステップ関数 $u_0 s^{-1}$ のとき，

3.2 線形システムと入出力関係

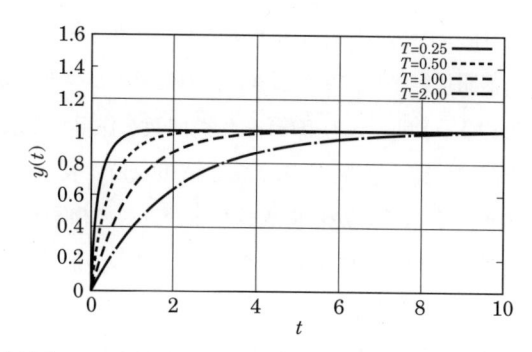

図 3.9 1次遅れ系のステップ応答 ($T = 0.25, 0.50, 1.00, 2.00$)

$$H(s) = \frac{k}{fs+k} = \frac{1}{Ts+1}, \qquad T = \frac{f}{k}$$

に対する出力を求めよう．

$$Y(s) = \frac{1}{Ts+1}\frac{u_0}{s} = u_0\left(\frac{1}{s} - \frac{T}{Ts+1}\right)$$

である．$T/(Ts+1)$ のラプラス逆変換は，

$$\mathcal{L}^{-1}\left(\frac{T}{Ts+1}\right) = \mathcal{L}^{-1}\left(\frac{1}{s+\frac{1}{T}}\right) = e^{-\frac{t}{T}}1(t)$$

であり，$\mathcal{L}^{-1}(s^{-1}) = 1(t)$ となるから，$Y(s)$ のラプラス逆変換は

$$y(t) = (1 - e^{-\frac{t}{T}})u_0 1(t)$$

で与えられる．ただし，$1(t)$ は，$t \geq 0$ で 1 をとり，その他で 0 の関数とする．

この出力 $y(t)$ の応答の様子を図 3.9 に示す．このようにステップ入力に対する応答をステップ応答という．

3.2.5 ブロック線図と実システムの伝達関数

これまで，ばねの伸び，電圧などの物理的な量の変化に注目し，これを情報として取扱ってきた．すなわち，システムの入力信号，出力信号の情報のみに注目

し，システムは入力信号を出力信号に変換するものと考えた．特にシステムが定常状態，すなわち初期状態が 0 になるとき，入力信号のラプラス変換に注目すれば，システムの出力 $Y(s)$ は，入力 $U(s)$ に伝達関数を作用して求められる．

信号が流れる方向に矢印を描き，システムを箱(block)で表すことにしよう．システム自体多くのサブシステムから構成されるが，その様子をブロック(箱)と矢印を用いて表現したものをブロック線図という．2 つの信号の和や差は図のように加え合わせ点○に入る信号に＋あるいは－をつけて表す．

信号の流れを表す矢印とブロック線図の基本的な操作を次に示す．

① ブロック線図の信号の流れと等価変換

(1) 加え合わせ点

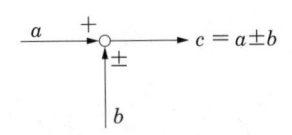

$$a \xrightarrow{+} \circ \xrightarrow{\pm b} c = a \pm b$$

(2) 加え合わせ点 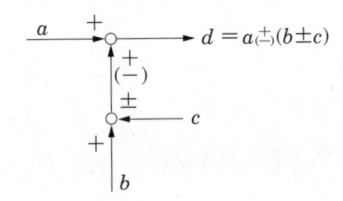 　　　　(2′) (2)の等価回路

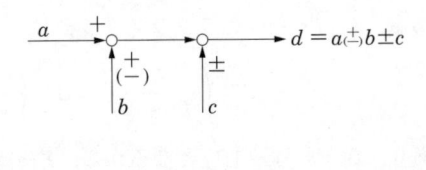

$$d = a \overset{+}{\underset{(-)}{}} (b \pm c) \qquad d = a \overset{+}{\underset{(-)}{}} b \pm c$$

(3) 引出し点

$$a \longrightarrow a$$
$$ a$$

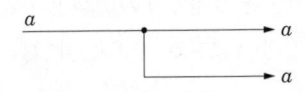

(4) 引出し点と加え合わせ点をもつ線図

(4-1)　　　　　　　　　　(4-2)

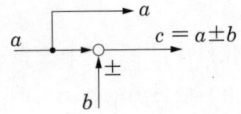

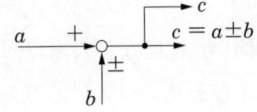

$$c = a \pm b \qquad\qquad c = a \pm b$$

3.2 線形システムと入出力関係

(4′) (4)の引出し点移動した等価線図

(4-1)

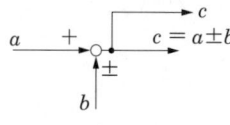

$a \xrightarrow{+} \bigcirc \xrightarrow{c} \quad c = a \pm b$
$\qquad \pm \uparrow$
$\qquad b$

(4-2)

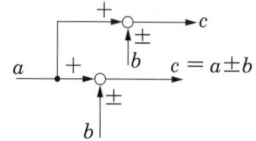

$a \longrightarrow \bigcirc \xrightarrow{+} \bigcirc \xrightarrow{c}$
$\qquad \pm \downarrow b$
$\qquad \xrightarrow{+} \bigcirc \xrightarrow{c = a \pm b}$
$\qquad\qquad \pm \uparrow$
$\qquad\qquad b$

(5) 直列結合と等価交換

(5-1) 直列結合

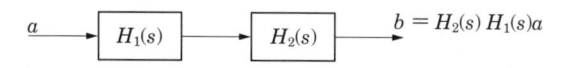

$a \longrightarrow \boxed{H_1(s)} \longrightarrow \boxed{H_2(s)} \longrightarrow b = H_2(s)\,H_1(s)\,a$

(5-1)′ (5-1)の等価交換

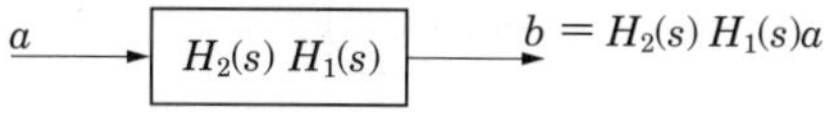

$a \longrightarrow \boxed{H_2(s)\,H_1(s)} \longrightarrow b = H_2(s)\,H_1(s)\,a$

(6) 並列結合と等価交換

(6-1) 並列結合

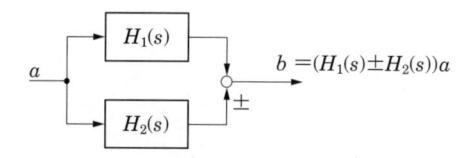

$a \longrightarrow \boxed{H_1(s)}, \boxed{H_2(s)} \xrightarrow{\pm} b = (H_1(s) \pm H_2(s))\,a$

(6-1)′ (6-1)の等価交換

$a \longrightarrow \boxed{H_1(s) \pm H_2(s)} \longrightarrow b = (H_1(s) \pm H_2(s))\,a$

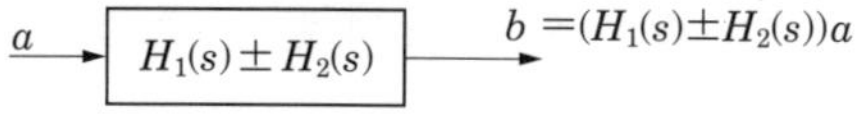

(7) フィードバック結合(7-1)と等価交換(7-1)′

(7-1)

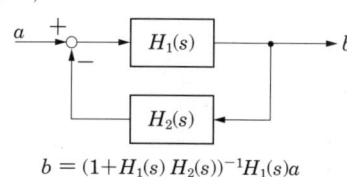

$a \xrightarrow{+} \bigcirc \longrightarrow \boxed{H_1(s)} \longrightarrow b$
$\qquad - \uparrow \qquad\qquad\quad \downarrow$
$\qquad\quad \boxed{H_2(s)} \longleftarrow$

$b = (1 + H_1(s)\,H_2(s))^{-1} H_1(s)\,a$

(7-1)′

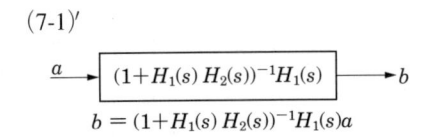

$a \longrightarrow \boxed{(1+H_1(s)\,H_2(s))^{-1} H_1(s)} \longrightarrow b$

$b = (1+H_1(s)\,H_2(s))^{-1} H_1(s)\,a$

(8) 伝達要素と引き出し点の入れ換え

(8-1)

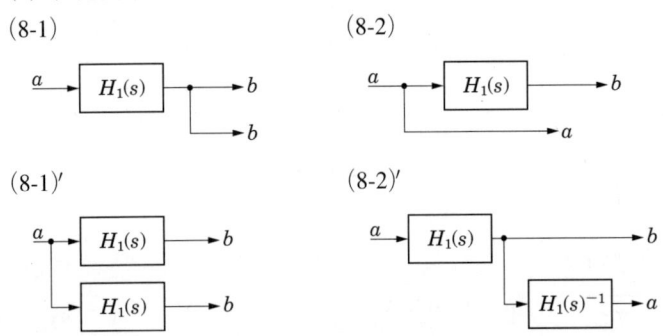

$a \longrightarrow \boxed{H_1(s)} \longrightarrow b$, $\longrightarrow b$

(8-2)

$a \longrightarrow \boxed{H_1(s)} \longrightarrow b$, $\longrightarrow a$

(8-1)′

$a \longrightarrow \boxed{H_1(s)} \longrightarrow b$
$ \longrightarrow \boxed{H_1(s)} \longrightarrow b$

(8-2)′

$a \longrightarrow \boxed{H_1(s)} \longrightarrow b$
$ \longrightarrow \boxed{H_1(s)^{-1}} \longrightarrow a$

具体的にブロック線図をつくる操作を図3.10の電気回路について考えてみよう．

入力電圧 $u(t)$ に対し，抵抗を流れる電流を i とし，コンデンサ C にかかる電圧を出力としてこれを y とすると，

$$u(t) = Ri + y(t)$$
$$y(t) = \frac{1}{C}\int i\,dt$$

である．抵抗にかかる電圧を R で割ると電流が与えられるから，抵抗にかかる電圧 $u-y$ を入力としたシステムに $1/R$ を作用すると i が求まる．このシステムの伝達関数 $H_1(s)$ は次のようになる．

$$H_1(s) = \frac{1}{R}$$

また，i を入力として y を求めるコンデンサというシステムは，積分をしているから，コンデンサの伝達関数は

$$H_2(s) = \frac{1}{Cs}$$

3.2 線形システムと入出力関係

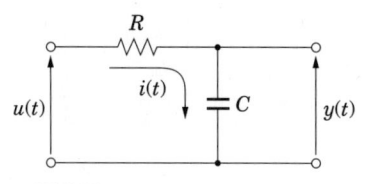

図 3.10 抵抗-コンデンサシステム

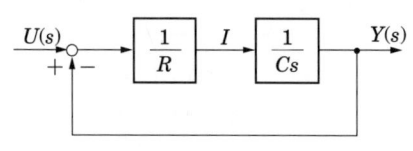

図 3.11 ブロック線図

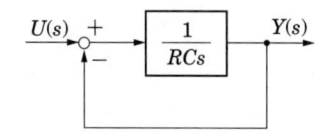

図 3.12 ブロックの直列結合

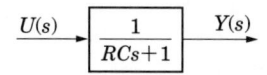

図 3.13 システム全体の入出力関係

となる．これらを表現すると図 3.11 のようなブロック線図が与えられる．

図 3.11 に p.93 の (5) 直列結合の規則を適用すると図 3.12 のようになる．ここで，出力 $Y(s)$ が $1/RCs$ というシステムの入力にフィードバックされていることに注目しよう．このシステムにおいて入力と出力の関係は

$$Y(s) = \frac{1}{RCs}(U(s) - Y(s))$$

であるから，図 3.13 に示すように

$$(1 + \frac{1}{RCs})Y(s) = \frac{1}{RCs}U(s)$$

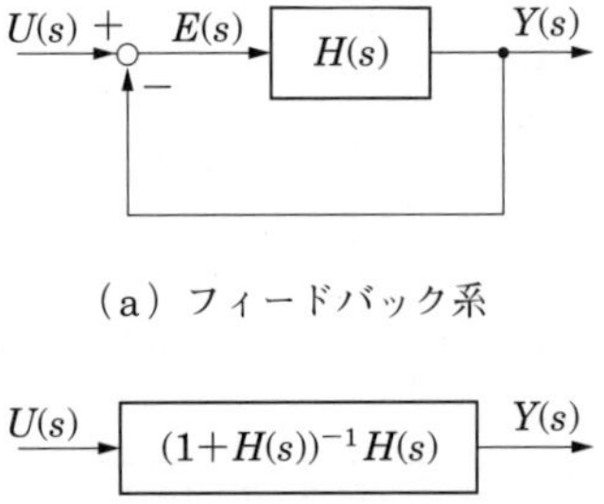

(a) フィードバック系

(b) フィードバック系の伝達関数の計算

図 3.14

$$Y(s) = \frac{\dfrac{1}{RCs}}{1 + \dfrac{1}{RCs}} U(s) = \frac{1}{RCs + 1} U(s)$$

で与えられる．これから入出力関係の微分方程式は，

$$RC\dot{y} + y = u$$

と与えられることがわかる．

なお，一般に図 3.14 (a) のように $H(s)$ なるシステムに対するフィードバック系は図 3.14 (b) のようなシステムに等しいことが次のように求められる．$H(s)$ は入力 $U(s) - Y(s)$ をもち，$Y(s)$ を出力とするシステムの伝達関数であるから，

$$Y(s) = H(s)(U(s) - Y(s))$$

より

$$(1 + H(s))Y(s) = H(s)U(s)$$

入力 $U(s)$ と出力 $Y(s)$ の関係は，

$$Y(s) = \frac{H(s)}{1 + H(s)} U(s)$$

で与えられる．すなわち図 3.14 (b) に等しい．

3.2 線形システムと入出力関係

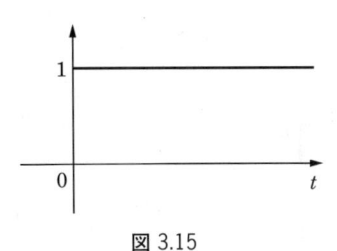

図3.15

図 3.11 のブロック線図を変形すると，

$$Y(s) = \frac{1}{RCs}(U(s) - Y(s))$$
$$(RCs + 1)Y(s) = U(s)$$
$$Y(s) = \frac{1}{RCs+1}U(s) \tag{3.2.21}$$

これは，$RC = T$ とすると

$$Y(s) = \frac{1}{Ts+1}U(s) \tag{3.2.22}$$

となる．

$u(t)$ が図 3.15 のように一定値のとき，そのラプラス変換は $\int_0^\infty e^{-st}dt = 1/s$ であるから，これを入力するときの出力のラプラス変換は次のように与えられる．

$$Y(s) = \frac{1}{Ts+1} \cdot \frac{1}{s} \tag{3.2.23}$$

これは，次のように書き直せるから，

$$Y(s) = \frac{1}{s} - \frac{T}{Ts+1}$$

時間関数 t で表すと，次のようになる．

$$y(t) = 1 - e^{-\frac{t}{T}} \tag{3.2.23'}$$

$y(t)$ は，下の表の値を $t = T, 2T, 3T$ でとる．

t	T	$2T$	$3T$
$y(t)$	0.63212	0.864665	0.950213

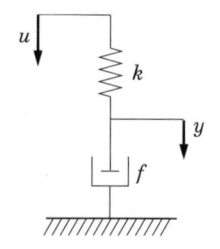

図 3.16 1次遅れ系：機械系

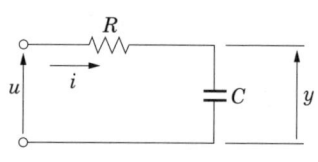

図 3.17 1次遅れ系：電気系

この (3.2.22) の形の伝達関数をもつシステムを1次遅れ系といい，T を時定数という．

3.2.6　1次遅れ系の場合の電気系と機械系のアナロジー

図 3.16 の機械系と図 3.17 電気系の入力-出力関係を求めてみよう．機械系では

$$k(u - y) = f\dot{y}$$
$$f\dot{y} + ky = ku$$

なるシステムが与えられた．一方，電気系においては

$$Ri + \frac{1}{C}\int i dt = u$$
$$RC\dot{y} + y = u$$

なるシステムは共に1次遅れ系である．

電位-位置，電流-力と考えると，$f\dot{y} =$ 力 なので，図 3.16 の機械系は，ブロック線図 3.18 で表される．また，図 3.17 の電気系はブロック線図 3.19 で表される．

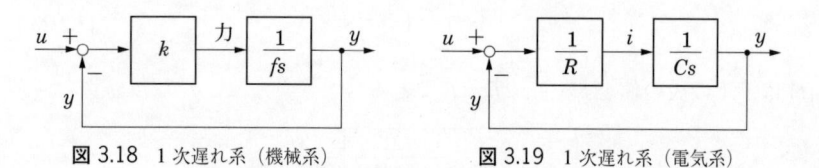

図 3.18 1次遅れ系（機械系）

図 3.19 1次遅れ系（電気系）

3.2 線形システムと入出力関係

例題 3.2.1 図 3.20 に等価な電気回路を求めよ.

（解答）
$$k_1(u-y) = f\dot{y} + k_2 y$$

図 3.20 のシステムのブロック線図は図 3.21 になる．図 3.21 に等価な電気回路は変位-電圧と対応するとき，図 3.22 になる．

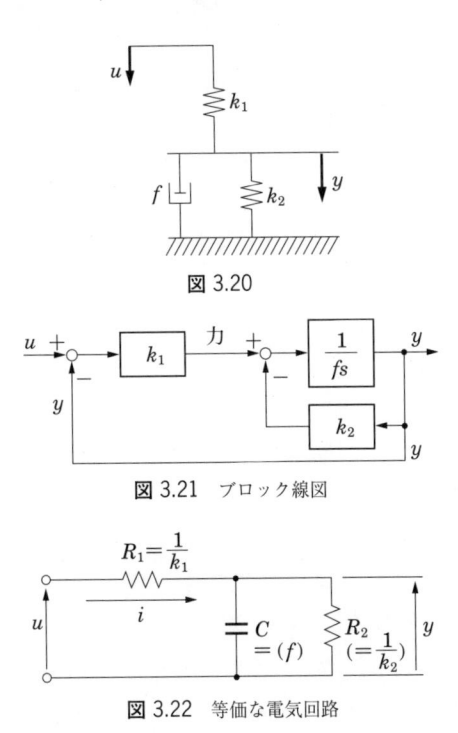

図 3.20

図 3.21 ブロック線図

図 3.22 等価な電気回路

3.2.7　2次遅れ系

図 3.23 のようにばね-マス-ダッシュポット系に平衡状態から力 u を加えると

$$m\ddot{y} + f\dot{y} + ky = u \tag{3.2.24}$$

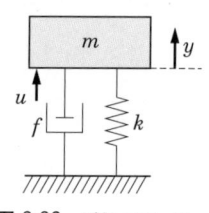

図 3.23 ばね-マス-ダッシュポット系

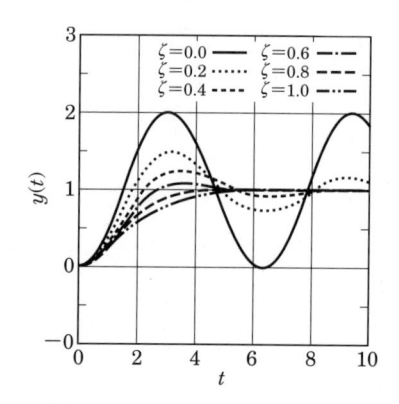

図 3.24 2次振動系のステップ応答 $\omega_n = 1.0$, $\zeta = 0.0, 0.2, 0.4, 0.6, 0.8, 1.0$

となるので

$$\frac{k}{m} = a_1, \quad \frac{f}{m} = a_2, \quad \frac{1}{m} = b_1$$

とすると入力-出力関係は

$$Y(s) = \frac{b_1}{s^2 + a_1 s + a_2} U(s) \tag{3.2.25}$$

で与えられる．この

$$H(s) = \frac{b_1}{s^2 + a_1 s + a_2} \tag{3.2.26}$$

なるシステムは，2次遅れ系といわれる．

特に $a_1 = 2\zeta\omega_n$, $a_2 = \omega_n^2$, $b_1 = \omega_n^2$ なる場合のシステムのステップ応答を図 3.24 に示す．ω_n を固有角周波数(natural angular frequency)，ζ を減衰係数(damping coefficient) という．$0 < \zeta < 1$ の場合の応答が振動的であるのがわかる．このときこの応答は $s^2 + a_1 s + a_2 = 0$(特性方程式) の根によって決まる．

例題 3.2.2 図 3.25 に等価な回路を求めよ．

(解答) このシステムの微分方程式は

$$k_1(u - y_1) + f_1(\dot{u} - \dot{y}_1) = k_2(y_1 - y)$$

3.2 線形システムと入出力関係

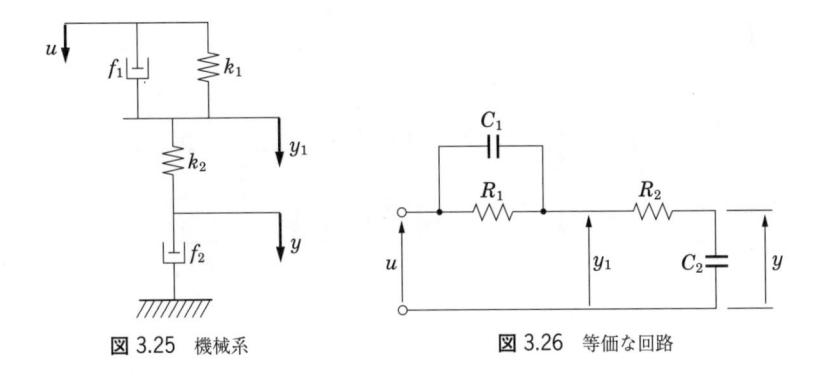

図 3.25 機械系

図 3.26 等価な回路

$$k_2(y_1 - y) = f_2 \dot{y}$$

となる．$R_1 = 1/k_1$, $f_1 = C_1$, $R_2 = 1/k_2$, $f_2 = C_2$ とすると，図 3.26 のような回路で，変位を電圧，力を電流と対応させ記述できる．

例題 3.2.3 図 3.27 の回路に等価なばね-ダンパ系を，また，ブロック線図と u から y への伝達関数を求めよ．

（解答） 図 3.27 の微分方程式は，次式

$$\frac{1}{R_1}(u - y_1) = i \tag{3.2.27}$$

$$\frac{1}{C_1}\int i_1 dt = y_1 \tag{3.2.28}$$

$$R_2(i - i_1) + y = y_1 \tag{3.2.29}$$

$$\frac{1}{C_2}\int (i - i_1) dt = y \tag{3.2.30}$$

で与えられる．この式は電圧を変位，電流を力とすると図 3.28 のように与えられる．ブロック線図は図 3.29 となる．また u から y への伝達関数 $H(s)$ は次のよ

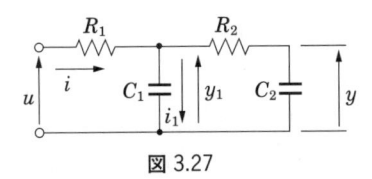

図 3.27

図 3.28 等価なばね-ダンパ系

図 3.29 ブロック線図

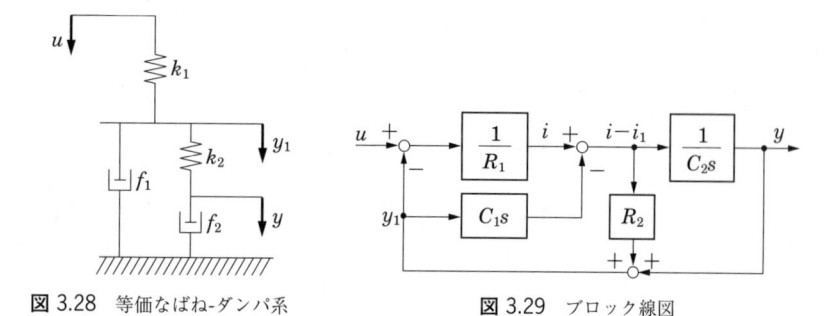

うになる．

$$H(s) = \frac{Y(s)}{U(s)} = \frac{1}{R_1 R_2 C_1 C_2 s^2 + (R_1 C_1 + R_2 C_2 + R_1 C_2)s + 1} \quad (3.2.31)$$

これは (3.2.27) から (3.2.30) をラプラス変換した

$$\frac{1}{R_1}(U(s) - Y_1(s)) = I(s)$$

$$\frac{1}{C_1 s}I_1(s) = Y_1(s)$$

$$R_2(I(s) - I_1(s)) + Y(s) = Y_1(s)$$

$$\frac{1}{C_2 s}(I(s) - I_1(s)) = Y(s)$$

により，図 3.29 が求まる．また，これらの式から $Y_1(s), I(s), I_1(s)$ を消去することによって，(3.2.31) の伝達関数 $H(s)$ が求まる．

3.2.8　ブロック線図の変形

電気回路のブロック線図を変形して，入出力関係と伝達関数を求めよう．

例題 3.2.4　図 3.30 の電気回路をブロック線図で表し，その等価変換の操作から伝達関数を求めよ．

(解答)　例題 3.2.3 で図 3.31 のブロック線図を求めた．図 3.31 から図 3.32 は，R_2 の引き出し点と加え合わせ点の変換により求まる．図 3.32 から図 3.33 は $C_1 s$ の

3.2 線形システムと入出力関係

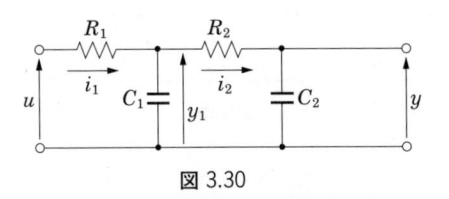

図 3.30

加え合わせ点の交換と信号の引き出し点の交換により求まる．図 3.33 から図 3.34 はフィードバック系の伝達関数の計算とブロックの積により求まる．図 3.34 から図 3.35 はフィードバック系の伝達関数の計算により求まる．

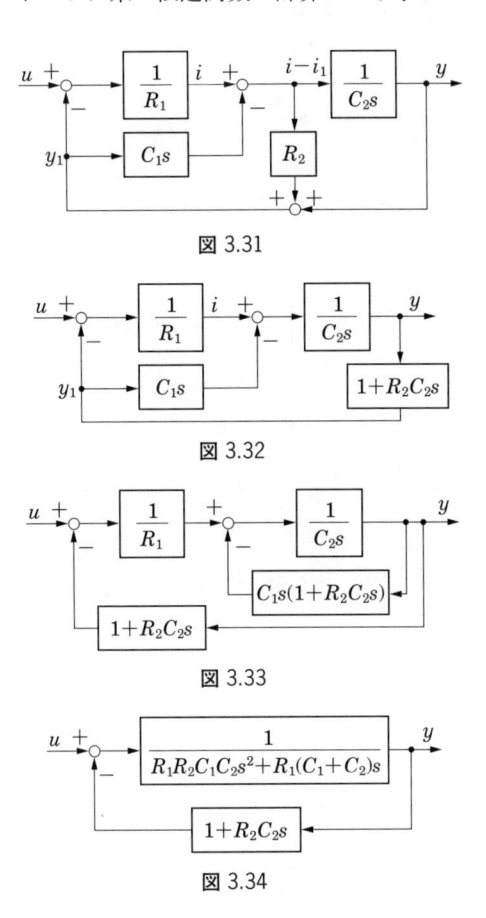

図 3.31

図 3.32

図 3.33

図 3.34

$$u \longrightarrow \boxed{\dfrac{1}{R_1R_2C_1C_2s^2+(R_1C_1+R_2C_2+R_1C_2)s+1}} \longrightarrow y$$

図 3.35

例題 3.2.5 図 3.36 の電気回路をブロック線図で表し，その等価変換の操作から伝達関数を求めよ．

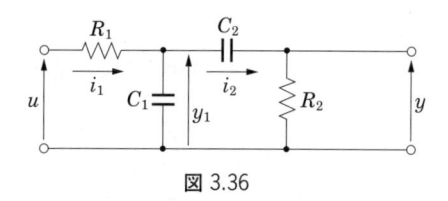

図 3.36

（解答） 回路の方程式をラプラス変換したものは，次のようになる．

$$I_1(s) = \frac{1}{R_1}(U(s) - Y_1(s))$$

$$Y_1(s) = \frac{1}{C_1s}(I_1(s) - I_2(s))$$

$$I_2(s) = C_2s(Y_1(s) - Y(s))$$

$$Y(s) = R_2 I_2(s)$$

これより，図 3.37 を得る．加え合わせ点と引き出し点の変換で，図 3.38 が求まる．図 3.39 は加え合わせ点の変換で求まる．図 3.40，図 3.41 はフィードバックの変換によって求まる．以上より伝達関数 $H(s)$ は次のようになる．

$$H(s) = \frac{C_2R_2s}{C_1C_2R_1R_2s^2 + (C_1R_1 + C_2R_2 + C_2R_1)s + 1} \tag{3.2.32}$$

3.2 線形システムと入出力関係

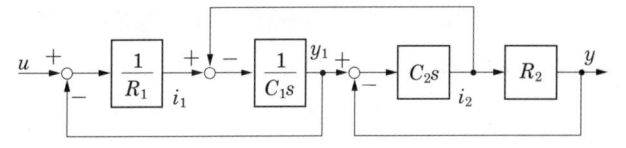

図 3.37　ブロック線図

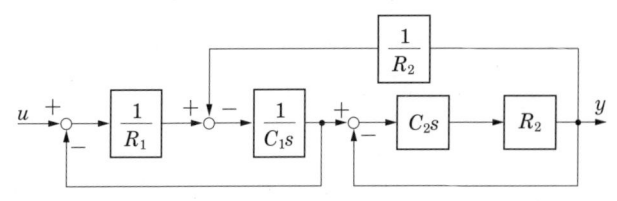

図 3.38　加え合わせ点と引き出し点の変換

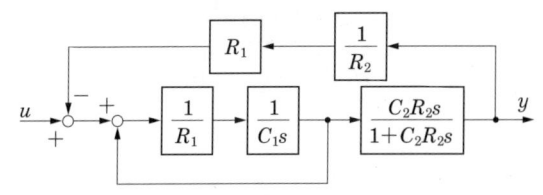

図 3.39　加え合わせ点の変換

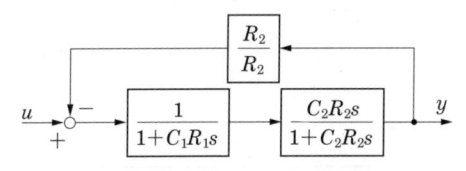

図 3.40　フィードバックの変換

図 3.41　フィードバックの変換

例題 3.2.6 図 3.42 に示すブロック線図の入出力関係を，ブロック線図の等価変換の操作から求めよ．

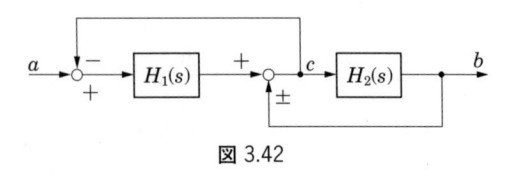

図 3.42

（解答） 2つの方法を示す．

● 方法 1

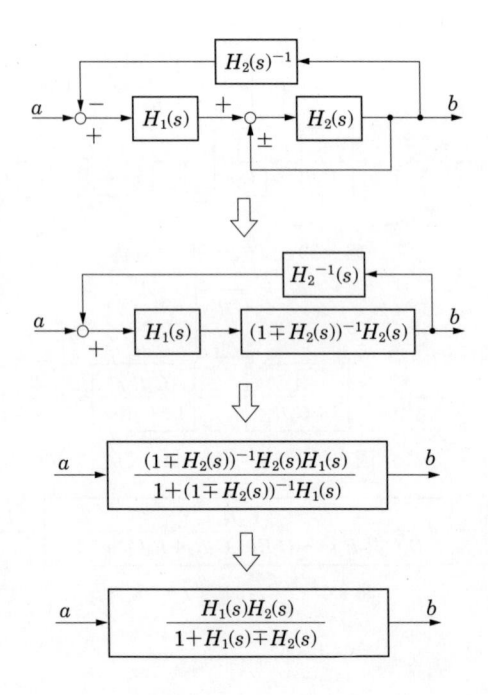

$$\frac{(1\mp H_2(s))^{-1}H_2(s)H_1(s)}{1+(1\mp H_2(s))^{-1}H_1(s)}$$

$$\frac{H_1(s)H_2(s)}{1+H_1(s)\mp H_2(s)}$$

3.2 線形システムと入出力関係

- 方法 2

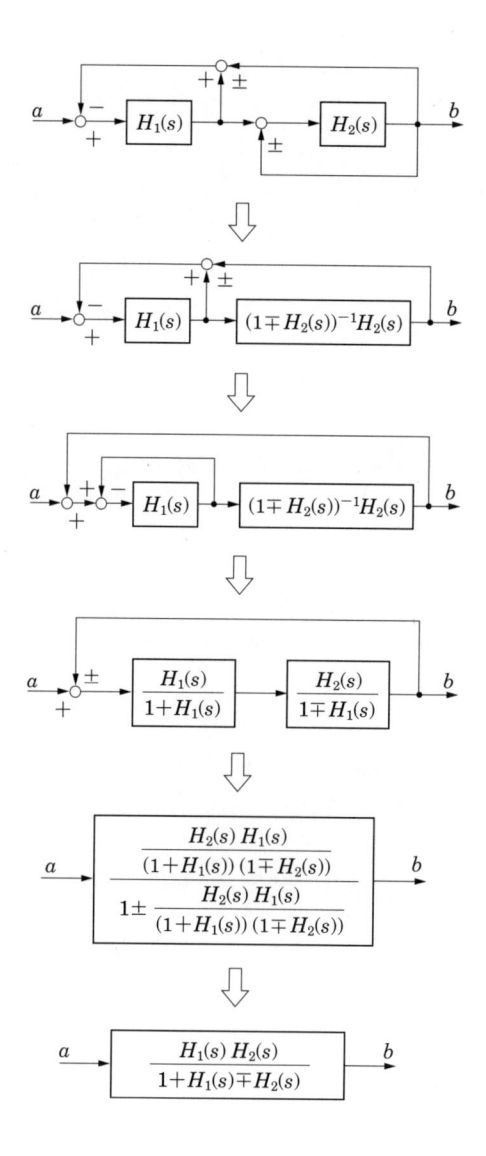

$$\Downarrow$$

$$\Downarrow$$

$$\Downarrow$$

$$\Downarrow$$

$$a \longrightarrow \boxed{\dfrac{\dfrac{H_2(s)\,H_1(s)}{(1+H_1(s))\,(1\mp H_2(s))}}{1\pm \dfrac{H_2(s)\,H_1(s)}{(1+H_1(s))\,(1\mp H_2(s))}}} \longrightarrow b$$

$$\Downarrow$$

$$a \longrightarrow \boxed{\dfrac{H_1(s)\,H_2(s)}{1+H_1(s)\mp H_2(s)}} \longrightarrow b$$

3.2.9　周波数特性

1 次遅れ系

$$H(s) = \frac{K}{Ts+1} \quad (3.2.33)$$

は，よく低域通過フィルタ（low pass filter）といわれる．これは，高い周波数の入力を入れると出力のゲインが小さくなるからである．このことを確かめよう．

入力として $\cos\omega t$ あるいは，$\sin\omega t$ を加えるときの出力を考える[*7]．これらをまとめて扱うために，

$$e^{j\omega t} = \cos\omega t + j\sin\omega t \quad (3.2.34)$$

を入力 $u(t)$ することにする．このときの出力 $y(t)$ は

$$\begin{aligned}
y(t) &= \int_0^\infty h(\tau) e^{j\omega(t-\tau)} d\tau \\
&= \int_0^\infty h(\tau) e^{-j\omega\tau} d\tau\, e^{j\omega t} \\
&= H(j\omega) e^{j\omega t}
\end{aligned} \quad (3.2.35)$$

となる．これから $e^{j\omega t}$ の出力は，伝達関数 $H(s)$ で $s=j\omega$ とした $H(j\omega)$ と $e^{j\omega t}$ の積で[*8]与えられる．$\mathrm{Re}H(j\omega)$，$\mathrm{Im}H(j\omega)$ はそれぞれ $H(j\omega)$ の実部の値と虚部の値を表ことにすると，次のように記述できる．

$$H(j\omega) = \mathrm{Re}H(j\omega) + j\mathrm{Im}H(j\omega) \quad (3.2.36)$$

さらにこの $H(j\omega)$ は次のように表すことができる．

$$H(j\omega) = |H(j\omega)| e^{j\angle H(j\omega)} \quad (3.2.37)$$

ここで $|H(j\omega)|$ は $H(j\omega)$ のゲインを表し，$\angle H(j\omega)$ は位相を表していて，下のように計算できる．

[*7] このような正弦波を入力として加えたときの，特性を周波数特性と呼ぶ．詳しくは第 4 章で述べることにして，ここでは，簡単な導出と例のみを述べることにする．
[*8] 正確には $h(t)$ のフーリエ積分が，伝達関数 $H(s)$ で $s=j\omega$ としたものと一致するため．

3.2 線形システムと入出力関係

$$|H(j\omega)| = \{(\mathrm{Re}H(j\omega))^2 + (\mathrm{Im}H(j\omega))^2\}^{\frac{1}{2}} \quad (3.2.38\,\mathrm{a})$$

$$\angle H(j\omega) = \tan^{-1}\left(\frac{\mathrm{Im}H(j\omega)}{\mathrm{Re}H(j\omega)}\right) \quad (3.2.38\,\mathrm{b})$$

簡単な例をあげよう．

$$H(s) = \frac{1}{Ts+1}$$

の1次遅れ系では

$$H(j\omega) = \frac{1}{j\omega T + 1} = \frac{-j\omega T + 1}{(\omega T)^2 + 1}$$

であるから，

$$\mathrm{Re}H(j\omega) = \frac{1}{(\omega T)^2 + 1} \quad (3.2.39)$$

$$\mathrm{Im}H(j\omega) = \frac{-\omega T}{(\omega T)^2 + 1} \quad (3.2.40)$$

と計算できる．したがって，以下のようになる．

$$|H(j\omega)| = \frac{1}{\sqrt{T^2\omega^2 + 1}}$$

$$\angle H(j\omega) = -\tan^{-1}(\omega T)$$

$T=1$ とし，ω を変化させた場合の，$|H(j\omega)|$, $\angle H(j\omega)$ の数値を表3.3に示す．ω が大きい，すなわち周波数の高い入力に対し，出力の振幅 $|H(j\omega)|$ は非常に小さくなり，位相 $\angle H(j\omega)$ が遅れることがわかる．

表3.3　ゲインと位相

ω	0.1	1.0	10	100	1000	$\cdots$	∞
$|H(j\omega)|$	0.9950	0.7071	0.0995	0.0099	0.0010	$\cdots$	0
$\angle H(j\omega)$	-0.0997	-0.7854	-1.4711	-1.5608	-1.5698	$\cdots$	$-\pi/2$

このように $|H(j\omega)|$ は非常に小さくなるので，$\log_{10}$ で表すのが便利である．

$$20\log_{10}|H(j\omega)|$$

をdBで表したゲインという．ω軸を対数にとった片対数でゲイン$20\log_{10}|H(j\omega)|$と$\angle H(j\omega)$を書いたものをBode線図(diagram)という．また，ωに対し$H(j\omega)$を複素平面にプロットしたものをNyquist線図，あるいはベクトル線図という．これらの表現を多変数系にいかに拡張するか，最近多くの研究が行われている．

3.2.10　システムの状態表現

線形有限次元システムに対し，伝達関数のような入出力表現以外にもう少しシステムの内部状態を考慮したモデルを用いる方が，制御系設計がうまくいく場合が多い．この場合は入力u，出力y，状態をxとすると

$$\dot{x} = Ax + Bu \qquad (3.2.41)$$

$$y = Cx \qquad (3.2.42)$$

と表す．ここで

$$u \in R^m, \quad x \in R^n, \quad y \in R^p, \quad A \in R^{n \times n}, \quad B \in R^{n \times m}, \quad C \in R^{p \times n}$$

このシステムの伝達関数は，u, x, yのラプラス変換を$U(s)$, $X(s)$, $Y(s)$とすると(3.2.41)で表現されたシステムは

$$sX(s) - x(0) = AX(s) + BU(s)$$

より

$$X(s) = (sI - A)^{-1}x(0) + (sI - A)^{-1}BU(s) \qquad (3.2.43)$$

であり，(3.2.42)は

$$Y(s) = CX(s) \qquad (3.2.44)$$

となるので，入出力関係は次のように与えられる．

$$Y(s) = C(sI - A)^{-1}x(0) + C(sI - A)^{-1}BU(s) \qquad (3.2.45)$$

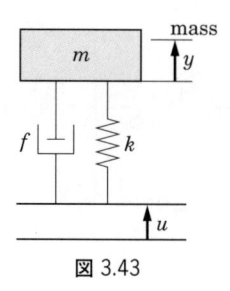

3.2 線形システムと入出力関係

図 3.43

したがって，伝達関数は次のように与られる．

$$H(s) = C(sI - A)^{-1}B \tag{3.2.46}$$

たとえば，図 3.43 のようなシステムに対し，入力-出力関係は

$$m\ddot{y} = f(\dot{u} - \dot{y}) + k(u - y) \tag{3.2.47}$$

であるから

$$m\ddot{y} + f\dot{y} + ky = f\dot{u} + ku \tag{3.2.48}$$

となる．この入力-出力関係は

$$m\ddot{x}_1 + f\dot{x}_1 + kx_1 = u \tag{3.2.49}$$

とし，

$$x_2 = \dot{x}_1 \tag{3.2.50}$$

とおいて，(3.2.49) を時間微分すると，

$$m\ddot{x}_2 + f\dot{x}_2 + kx_2 = \dot{u} \tag{3.2.51}$$

であるから

$$y = fx_2 + kx_1 \tag{3.2.52}$$

は (3.2.48) を満たしている．しかるに (3.2.49) の x_1 は図 3.44 のように実現される．すなわち

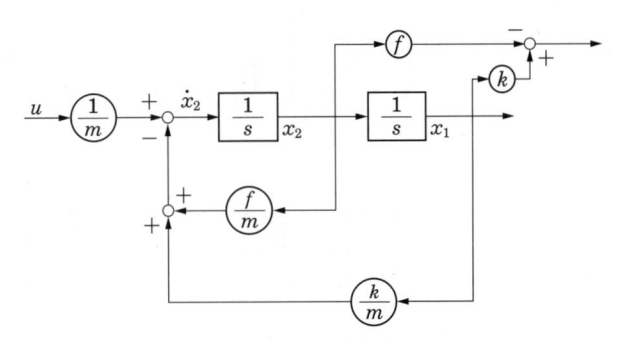

図 3.44 ブロック線図表現

$$\frac{d}{dt}\begin{bmatrix} x_1 \\ x_2 \end{bmatrix} = \begin{bmatrix} 0 & 1 \\ -\frac{k}{m} & -\frac{f}{m} \end{bmatrix} \begin{bmatrix} x_1 \\ x_2 \end{bmatrix} + \begin{bmatrix} 0 \\ \frac{1}{m} \end{bmatrix} u \quad (3.2.53\,\mathrm{a})$$

$$y = \begin{bmatrix} k & f \end{bmatrix} \begin{bmatrix} x_1 \\ x_2 \end{bmatrix} \quad (3.2.53\,\mathrm{b})$$

のように (3.2.41) の形で表される．また，

$$(sI - A)^{-1} = s^{-1}I + s^{-2}A + s^{-3}A^2 + \cdots$$

をラプラス逆変換して，

$$\mathcal{L}^{-1}(sI - A)^{-1} = I + At + \frac{A^2}{2}t^2 + \frac{1}{3!}A^3t^3 + \cdots$$
$$\stackrel{d}{=} e^{At} \quad (3.2.54)$$

と e^{At} を定義する．この時間関数 e^{At} は遷移行列と呼ばれる．

$u(t) = 0 \quad (t < 0)$ に対し

$$x(t) = e^{At}x(0) + \int_0^\infty e^{A\tau'}Bu(t - \tau')d\tau'$$
$$= e^{At}x(0) + \int_0^t e^{A(t-\tau)}Bu(\tau)d\tau \quad (3.2.55)$$

ここでは，次のような変数変換を用いた．

$$t - \tau' = \tau$$

τ	t	0
τ'	0	t

3.2 線形システムと入出力関係

(3.2.46) の伝達関数の計算において，$(sI - A)^{-1}$ という逆行列の計算が必要であるが，それは，次のようにすればよい．

$$\begin{aligned}(sI - A)^{-1} &= \frac{\mathrm{adj}(sI - A)}{\det(sI - A)} \\ &= \frac{\Gamma_{n-1}s^{n-1} + \cdots + \Gamma_0}{s^n + a_{n-1}s^{n-1} + \cdots + a_0}\end{aligned} \quad (3.2.56)$$

とするとき

$$\left.\begin{aligned}\Gamma_{n-1} &= I & a_{n-1} &= -\mathrm{tr}A \\ \Gamma_{n-2} &= A\Gamma_{n-1} + a_{n-1}I & a_{n-2} &= -\frac{1}{2}\mathrm{tr}A\Gamma_{n-2} \\ \Gamma_{n-3} &= A\Gamma_{n-2} + a_{n-2}I & a_{n-3} &= -\frac{1}{3}\mathrm{tr}A\Gamma_{n-3} \\ &\vdots \\ \Gamma_0 &= A\Gamma_1 + a_1 I & a_0 &= -\frac{1}{n}\mathrm{tr}A\Gamma_0 \\ 0 &= A\Gamma_0 + a_0 I\end{aligned}\right\} \quad (3.2.57)$$

が知られている．これはファディーブ (Faddeev) のアルゴリズムと呼ばれている．

(3.2.56) より，システムの伝達関数を無限大にする極は A の固有値であることがわかる．

3.2.11　システムの安定性

(3.2.41) のように与えられたシステムで $u \equiv 0$ のとき，

$$\dot{\boldsymbol{x}} = A\boldsymbol{x} \quad (3.2.58)$$

なるシステムがすべての $x(0)$ に対し $\boldsymbol{x}(t) \to 0, \ t \to \infty$ なるとき，システムは漸近安定という．すなわち，A の固有値を λ_i，固有ベクトルを v_i とすると

$$A\boldsymbol{v}_i = \lambda_i \boldsymbol{v}_i \quad (3.2.59)$$

となるが，固有値 λ_i が相異なるとき，

$$A[\bm{v}_1, \bm{v}_2, \cdots, \bm{v}_n] = [\bm{v}_1, \cdots, \bm{v}_n] \begin{bmatrix} \lambda_1 & & \\ & \ddots & \\ & & \lambda_n \end{bmatrix}$$

であり，$[\bm{v}_1, \cdots, \bm{v}_n]$ は正則行列になるので，$\bm{x} = [v_1, \cdots, v_n]\bar{\bm{x}}$ を (3.2.58) に代入すると

$$\dot{\bar{\bm{x}}} = \begin{bmatrix} \lambda_1 & & \\ & \ddots & \\ & & \lambda_n \end{bmatrix} \bar{\bm{x}} \tag{3.2.60}$$

のように変換される．$\bar{\bm{x}}$ の成分を，$\bar{\bm{x}} = [\bar{x}_1, \cdots, \bar{x}_n]$ とすると，

$$\bar{x}_i(t) = e^{\lambda_i t} \bar{x}_i(0)$$

より，すべての $\det(sI - A) = 0$ の根が複素左半平面にあれば（漸近）安定[*9]であることがわかる．前節で述べたように，A の固有値は伝達関数 $H(s)$ の極に対応しているから，伝達関数の極がすべて複素左半平面にあれば，システムは安定になる．

演習問題

3.1 次の $t \geq 0$ で定義される時間関数の Laplace 変換を求めよ．
 (1) $f(t) = \begin{cases} 1 & (0 \leq t < 1) \\ 0 & (1 \leq t < \infty) \end{cases}$
 (2) $f(t) = (e^{-\alpha_1 t} + e^{-\alpha_2 t}) \dfrac{1}{\alpha_1 + \alpha_2}$ 　　（ただし $\alpha_1 \neq \alpha_2$）
 (3) $f(t) = t$ のときの Laplace 変換は $1/s^2$ で与えられる．$te^{-\alpha t}$ の Laplace 変換は $\dfrac{1}{(s+\alpha)^2}$ であることを示せ．

3.2 ラプラス変換 $G(s) = \dfrac{s^2 + s + 1}{s(s+1)(s+2)(s+3)}$ に対する時間関数 $g(t)$ を求めよ．

[*9] 線形システムでは，このように指数的に減衰するので，指数安定になる．

演習問題

3.3 上で与えられる $G(s)$ から与えられる $G_1(s) = e^{-3s}G(s)$ に対応する時間関数を求めよ．

3.4 伝達関数 $G(s) = \dfrac{1}{s^3 + 6s^2 + 11s + 6}$ のインパルス応答を求めよ．

3.5 次のブロック線図をまとめて，入出力関係の伝達関数を求めよ．

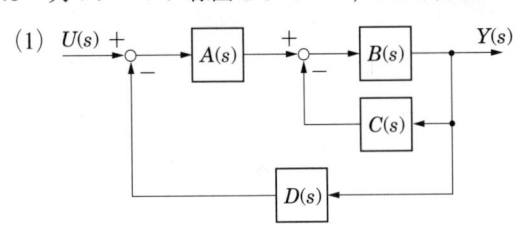

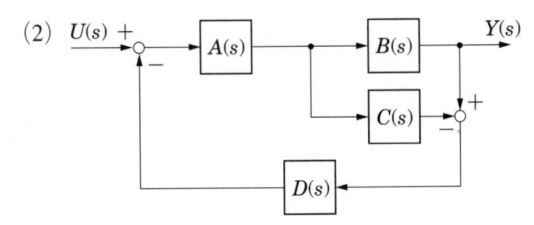

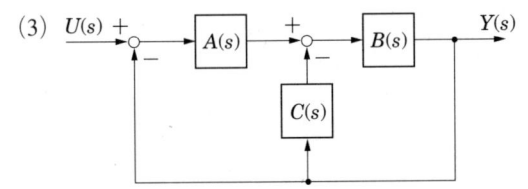

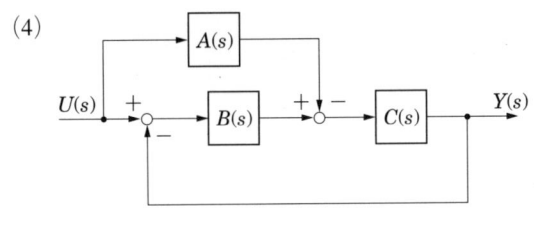

図 3.48

(5)

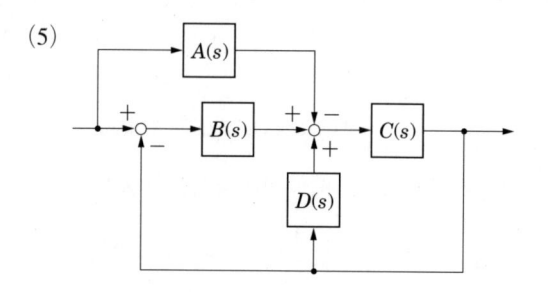

第4章

時間応答と周波数特性

4.1　伝達関数と時間応答

4.1.1　1次遅れ系の伝達関数と応答

前章で最も簡単な動的なシステムの入出力は，次の伝達関数で記述されることがわかった．

$$H(s) = \frac{K}{Ts+1} \tag{4.1.1}$$

ここで，K をゲイン，T を時定数という．このように伝達関数の分母が s の1次式で記述できるようなシステムを1次遅れ系という．このシステムにパルス入力 $\delta(t)$ が加わったときの出力 $y(t)$ は，$\delta(t)$ のラプラス変換が1であるから，

$$\begin{aligned}y(t) &= \mathcal{L}^{-1}\left(\frac{K}{Ts+1} \cdot 1\right) \\ &= \frac{K}{T}e^{-\frac{t}{T}}\end{aligned}$$

となり，図4.1のようになる[*1]．これを1次遅れ系のインパルス応答という．

一般に，伝達関数 $H(s)$ のシステムのインパルス応答は，

$$y(t) = \mathcal{L}^{-1}(H(s) \cdot 1) \tag{4.1.2}$$

[*1] T が小さくなるにつれ，$K\delta(t)$ に近づくことがわかる．これは $K=1$ のとき，T が小さくなるにつれ，$H(s)=1$ というデルタ関数のラプラス変換に近づくからである．

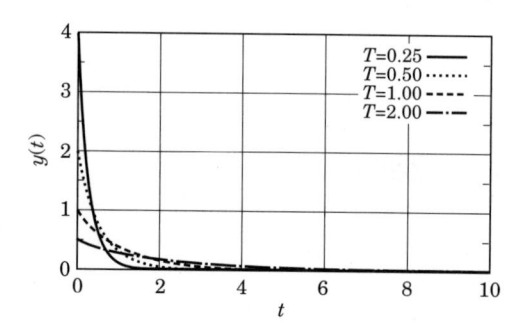

図 4.1　1次遅れ系のインパルス応答 ($T = 0.25, 0.50, 1.00, 2.00$)

となる．

$$h(t) = \mathcal{L}^{-1}(H(s)) \tag{4.1.3}$$

をシステムの荷重関数という．インパルス応答は出力の単位をもち，荷重関数は出力単位／入力単位をもつ．しかし入力の単位を考えなければ，インパルス応答と荷重関数は同じである．今後，これらを区別せず使うことが多い．次にステップ入力に対する応答であるステップ応答を考える．入力がステップなら時間関数とラプラス変換での表現は次のようになる．

$$u(t) = 1(t) \tag{4.1.4}$$

$$U(s) = \frac{1}{s} \tag{4.1.5}$$

これに対する出力のラプラス変換から，時間応答が次のように求まる．

$$Y(s) = \frac{K}{(Ts+1)s} \tag{4.1.6}$$

$$= \frac{K}{s} - \frac{K}{s + \frac{1}{T}}$$

$$y(t) = K(1 - e^{-\frac{t}{T}}) \tag{4.1.7}$$

ステップ応答を図 4.2 に示す．このステップ応答 $y(t)$ は次のようになる．

t	0	T	$2T$	$3T$	$4T$	∞
$y(t)$	0	$0.632K$	$0.865K$	$0.950K$	$0.982K$	K

4.1 伝達関数と時間応答

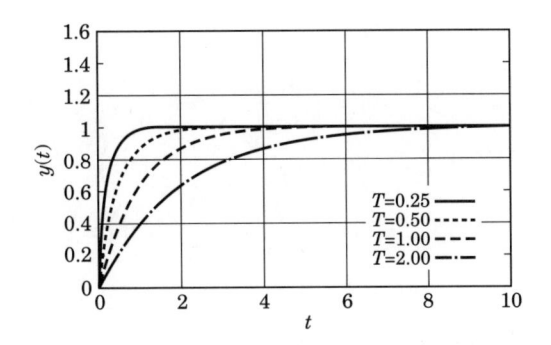

図 4.2 1 次遅れ系のステップ応答 ($T = 0.25, 0.50, 1.00, 2.00$)

これより，T は応答の最終値の 63.2% の大きさまでの応答に要する時間であり，T が小さいほど，応答が速いことがわかる．

例題 4.1.1 1 次遅れ系は，どのような物理系の入出力関係か例を挙げよ．
(解答) ばね-ダッシュポット系，抵抗-コンデンサ系，その他．

例題 4.1.2 ステップ応答はインパルス応答を積分すると得られることを説明せよ．
(解答) $H(s)$ のステップ応答のラプラス変換は，

$$Y(s) = \frac{1}{s}H(s)$$

で与えられる．これは，インパルス応答 $H(s)$ を積分器に通した出力に等しい．

例題 4.1.3 1 次遅れ系のステップ応答を $y(t)$ とするとき，

$$y(0),\ y(\infty),\ \frac{d}{dt}y(t)|_{t=0},\ \frac{d}{dt}y(t)|_{t=\infty}$$

を求めよ．
(解答) 初期値定理と最終値定理(3 章，76 ページ)を用いる．

$$y(0) = \lim_{s \to \infty} s \frac{K}{Ts+1} \cdot \frac{1}{s} = 0$$

$$y(\infty) = \lim_{s \to 0} s \frac{K}{Ts+1} \cdot \frac{1}{s} = K$$

$$\frac{d}{dt}y(t)|_{t=0} = \lim_{s \to \infty} s \left(\frac{sK}{Ts+1} \cdot \frac{1}{s} - y(0) \right) = \frac{K}{T}$$

$$\frac{d}{dt}y(t)|_{t=\infty} = \lim_{s \to 0} s \left(\frac{sK}{Ts+1} \cdot \frac{1}{s} - y(0) \right) = 0$$

これは (4.1.7) より求めた結果と一致する．ステップ応答の時刻 0 の勾配が K/T になることに注目してほしい．

例題 4.1.4 $H(0)$ は単位ステップ入力を加えたときの，定常出力 $y(\infty)$ を示すことを明らかにせよ．

(解答) 最終値定理

$$y(\infty) = \lim_{s \to 0} s \cdot H(s) \cdot \frac{1}{s} = H(0)$$

より明らか．

4.1.2　2次遅れ系

それでは，次のような伝達関数で記述されるシステムを考えることにしよう．

$$H(s) = \frac{b}{s^2 + a_1 s + a_0} \tag{4.1.8}$$

このシステムは，2次遅れ系と呼ばれる．

本項では手始めに，次の特別な場合を考えよう[*2]．

$$H(s) = \frac{1}{(T_1 s + 1)(T_2 s + 1)} \tag{4.1.9}$$

上のシステム (4.1.9) は，1次遅れ系が直列に結合したシステムから構成される．このように記述されるシステムのインパルス応答とステップ応答を求め，ついで

[*2] (4.1.8) において，$b=1$，特性多項式 $s^2 + a_1 s + a_0$ が 2 つの実数解(重解を含む)をもつ場合になる．

4.1 伝達関数と時間応答

インパルス応答の最大値を与える時間を求めてみよう．

① $T_1 \neq T_2$ のとき

与えられた伝達関数は次のように部分分数展開できる．

$$H(s) = \frac{1}{(s+\frac{1}{T_1})(s+\frac{1}{T_2})T_1T_2}$$

$$= \frac{1}{T_1T_2}\left(\frac{1}{\frac{1}{T_2}-\frac{1}{T_1}}\frac{1}{s+\frac{1}{T_1}} + \frac{1}{\frac{1}{T_1}-\frac{1}{T_2}}\frac{1}{s+\frac{1}{T_2}}\right)$$

$$= \frac{1}{T_1-T_2}\left(\frac{1}{s+\frac{1}{T_1}} - \frac{1}{s+\frac{1}{T_2}}\right)$$

ラプラス変換からインパルス応答は，次のように与えられる．

$$h(t) = \frac{1}{T_1-T_2}\left(e^{-\frac{t}{T_1}} - e^{-\frac{t}{T_2}}\right) \tag{4.1.10}$$

ついでステップ応答をラプラス変換から求める．

$$Y(s) = H(s)\frac{1}{s}$$

$$= \frac{1}{T_1T_2(s+\frac{1}{T_1})(s+\frac{1}{T_2})s}$$

$$= \frac{1}{s} + \frac{1}{T_1T_2}\left(\frac{1}{(\frac{1}{T_2}-\frac{1}{T_1})(-\frac{1}{T_1})}\frac{1}{s+\frac{1}{T_1}} + \frac{1}{(\frac{1}{T_1}-\frac{1}{T_2})(-\frac{1}{T_2})}\frac{1}{s+\frac{1}{T_2}}\right)$$

$$= \frac{1}{s} - \frac{T_1T_2}{T_1-T_2}\left(\frac{1}{T_2}\frac{1}{s+\frac{1}{T_1}} - \frac{1}{T_1}\frac{1}{s+\frac{1}{T_2}}\right)$$

ステップ応答は次のように与えられる．

$$y(t) = 1 - \frac{T_1T_2}{T_1-T_2}\left(\frac{1}{T_2}e^{-\frac{t}{T_1}} - \frac{1}{T_1}e^{-\frac{t}{T_2}}\right) \tag{4.1.11}$$

なお，インパルス応答の微分は

$$\frac{d}{dt}h(t) = \frac{1}{T_1-T_2}\left(-\frac{1}{T_1}e^{-\frac{t}{T_1}} + \frac{1}{T_2}e^{-\frac{t}{T_2}}\right) \tag{4.1.12}$$

であるから，最大値を与える時刻 $t_{\max}$ は $\frac{d}{dt}h(t) = 0$ を解いて，次の唯一解により与えられる．

$$\frac{T_1-T_2}{T_1T_2}t = \ln\frac{T_1}{T_2}$$

$$t_{\max} = \frac{T_1 T_2}{T_1 - T_2} \ln \frac{T_1}{T_2} \tag{4.1.13}$$

これをインパルス応答に代入して，インパルス応答の最大値を得る．

② $T_1 = T_2$ のとき

$T_1 = T_2$ なら，(4.1.9) は次のようになる．

$$H(s) = \frac{1}{(T_1 s + 1)^2} = \frac{1}{(s + \frac{1}{T_1})^2 T_1^2} \tag{4.1.14}$$

インパルス応答は次のように与えられる．

$$h(t) = \frac{1}{T_1^2} t e^{-\frac{t}{T_1}} \tag{4.1.15}$$

また，ステップ応答は次のように与えられる．

$$\begin{aligned} Y(s) &= \frac{1}{T_1^2 (s + \frac{1}{T_1})^2 s} \\ &= \frac{1}{s} - \frac{1}{s + \frac{1}{T_1}} - \frac{1}{T_1} \frac{1}{(s + \frac{1}{T_1})^2} \end{aligned}$$

ラプラス逆変換を行うと，ステップ応答 $y(t)$ を得る．

$$y(t) = 1 - e^{-\frac{t}{T_1}} - \frac{1}{T_1} t e^{-\frac{t}{T_1}} \tag{4.1.16}$$

$T_1 = 1, T_2 = 2$ および $T_1 = T_2 = 1$ の場合のインパルス応答とステップ応答を図 4.3 に示す．先ほどと同様に最大値をあたえる時刻を求めてみよう．インパルス応答 $h(t)$ の微分は，

$$\frac{d}{dt} h(t) = \frac{1}{T_1^2} e^{-\frac{t}{T_1}} \left(1 - \frac{t}{T_1} \right) \tag{4.1.17}$$

であるから，最大値を与える時刻 $t_{\max}$ と，最大値 $h(t_{\max})$ は

$$t_{\max} = T_1 \tag{4.1.18}$$

$$\max_t h(t) = \frac{1}{T_1} e^{-1} \tag{4.1.19}$$

例題 4.1.5 ここで与えた 2 次遅れ系の伝達関数をもつ物理系はどのような

4.1 伝達関数と時間応答

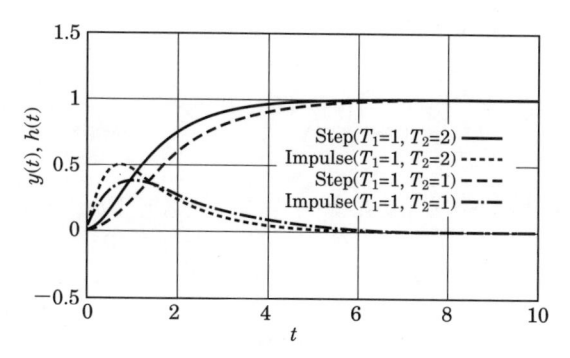

図 4.3 2次遅れ系のステップ応答とインパルス応答

ものがあるか例をあげよ.

(**解答**) ばね-ダッシュポット系, 抵抗-コンデンサ系, などが直列に接続されたもの.

4.1.3　2次振動系

もう少し複雑なシステムに2次振動系がある. ここでは, 伝達関数は次のように与えられるシステムを考える.

$$H(s) = \frac{\omega_n^2}{s^2 + 2\zeta\omega_n s + \omega_n^2} \tag{4.1.20}$$

まずはインパルス応答を求めてみよう. $\zeta \geq 1$ の場合は次の安定な2個の実根をもち, 前節の2次遅れ系と同じように扱うことができる.

$$s = -\zeta\omega_n \pm \sqrt{\zeta^2 - 1}\,\omega_n$$

以下では, $0 < \zeta < 1$ の場合を扱う. 与えられたシステムは次のように書き換えられるから,

$$H(s) = \frac{\omega_n^2}{(s+\zeta\omega_n)^2 + (1-\zeta^2)\omega_n^2} \tag{4.1.21}$$

根は次のようになる.

$$s = -\zeta\omega_n \pm j\sqrt{1-\zeta^2}\,\omega_n \tag{4.1.22}$$

伝達関数を部分分数展開すると,

$$H(s) = \frac{\omega_n}{2j\sqrt{1-\zeta^2}} \left(\frac{1}{s+\zeta\omega_n - j\sqrt{1-\zeta^2}\omega_n} - \frac{1}{s+\zeta\omega_n + j\sqrt{1-\zeta^2}\omega_n} \right) \quad (4.1.23)$$

このラプラス逆変換を行うことにより,インパルス応答 $h(t)$ が得られる.

$$h(t) = \frac{\omega_n}{2j\sqrt{1-\zeta^2}} e^{-\zeta\omega_n t} \left(e^{j\sqrt{1-\zeta^2}\omega_n t} - e^{-j\sqrt{1-\zeta^2}\omega_n t} \right) \quad (4.1.24)$$

$$= \frac{\omega_n}{\sqrt{1-\zeta^2}} e^{-\zeta\omega_n t} \sin\left(\sqrt{1-\zeta^2}\omega_n t\right) \quad (4.1.25)$$

ζ が小さくなると応答は振動的になることがわかる.

$\omega_n = 1$ としたとき,システムの極は ζ によって次のように変化している.

ζ	0.0	0.2	0.4	0.6	0.8	1.0
極	$\pm j$	$-0.2 \pm 0.98j$	$-0.4 \pm 0.916j$	$-0.6 \pm 0.8j$	$-0.8 \pm 0.6j$	± 1.0

次にステップ応答を求める.ステップ応答出力は

$$Y(s) = \frac{\omega_n^2}{(s^2 + 2\zeta\omega_n s + \omega_n^2)s} \quad (4.1.26)$$

$$Y(s) = \frac{\omega_n^2}{(s+\zeta\omega_n - j\sqrt{1-\zeta^2}\omega_n)(s+\zeta\omega_n + j\sqrt{1-\zeta^2}\omega_n)s}$$

$$= \frac{1}{s} + \frac{\frac{\omega_n}{(2j\sqrt{1-\zeta^2})(-\zeta\omega_n + j\sqrt{1-\zeta^2}\omega_n)}}{s+\zeta\omega_n - j\sqrt{1-\zeta^2}\omega_n} - \frac{\frac{\omega_n}{(2j\sqrt{1-\zeta^2})(-\zeta\omega_n - j\sqrt{1-\zeta^2}\omega_n)}}{s+\zeta\omega_n + j\sqrt{1-\zeta^2}\omega_n}$$

ここで,図 4.4 により

$$-\zeta\omega_n + j\sqrt{1-\zeta^2}\omega_n = \omega_n e^{j(\pi-\theta)} \quad (4.1.27)$$

$$\theta = \tan^{-1} \frac{\sqrt{1-\zeta^2}}{\zeta} \quad (4.1.28)$$

したがって (4.1.27) は,2 次振動系の ζ が変化しても,極は半径 ω_n の単位円の上にあることを示している.

以上から,2 次系のステップ応答は次のように与えられる.

$$y(t) = 1 + \frac{1}{2j\sqrt{1-\zeta^2}} e^{-\zeta\omega_n t} \left(e^{j\sqrt{1-\zeta^2}\omega_n t} e^{-j(\pi-\theta)} - e^{-j\sqrt{1-\zeta^2}\omega_n t} e^{-j(\pi+\theta)} \right)$$

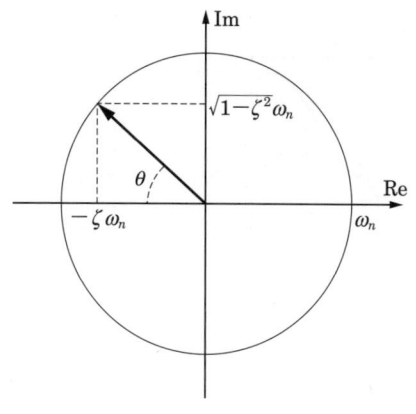

4.1 伝達関数と時間応答

図 4.4 半径 ω_n の単位円

$$= 1 - \frac{1}{\sqrt{1-\zeta^2}} e^{-\zeta\omega_n t} \sin(\sqrt{1-\zeta^2}\omega_n t + \theta) \tag{4.1.29}$$

$\omega_n = 1.0$ に固定し，$\zeta = 0.0, 0.2, 0.4, 0.6, 0.8, 1.0$ と変化させたときの2次振動系のステップ応答とインパルス応答を図4.5に示す．

図4.5の $\zeta = 0.0, 0.2, 0.4, 0.6$ にみられるように，出力応答が定常値におちつく前に定常値を超える現象をオーバーシュートという．ζ が小さいほどオーバーシュートが大きい．

ω_n を変化させた場合にインパルス応答は，t と h を ω_n 倍にしたものと同じになることは，(4.1.25) より明らかであろう．

例題 4.1.6 2次振動系のインパルス応答が最大になる時刻と，最大値を求めよ．

(解答) 極値（最大値，最小値）では，$\dot{h}(t) = 0$ となる．

$$\begin{aligned}\frac{d}{dt}h(t) = \frac{\omega_n}{\sqrt{1-\zeta^2}} e^{-\zeta\omega_n t} &\left\{-\zeta\omega_n \sin\left(\sqrt{1-\zeta^2}\,\omega_n t\right)\right. \\ &\left.+ \sqrt{1-\zeta^2}\,\omega_n \cos\left(\sqrt{1-\zeta^2}\,\omega_n t\right)\right\} = 0\end{aligned} \tag{4.1.30}$$

これより，

(a) $\zeta = 0.0$

(b) $\zeta = 0.2$

(c) $\zeta = 0.4$

(d) $\zeta = 0.6$

(e) $\zeta = 0.8$

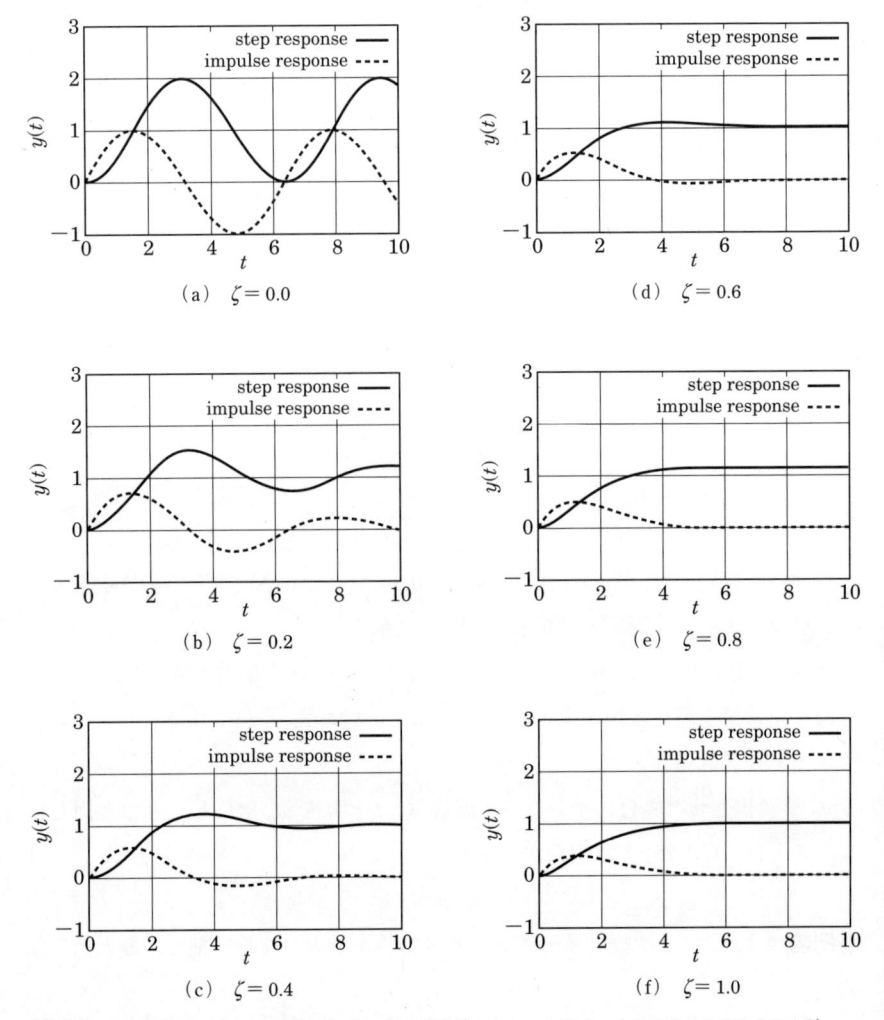

(f) $\zeta = 1.0$

図 4.5 2次振動系のステップ応答とインパルス応答：$(\omega_n = 1.0, \zeta = 0.0, 0.2, 0.4, 0.6, 0.8, 1.0)$

$$\tan\left(\sqrt{1-\zeta^2}\omega_n t\right) = \frac{\sqrt{1-\zeta^2}}{\zeta}$$

t について解くと，

$$t = \frac{1}{\sqrt{1-\zeta^2}\omega_n}\left(\tan^{-1}\frac{\sqrt{1-\zeta^2}}{\zeta} + k\pi\right) \quad (k=0,1,\cdots) \tag{4.1.31}$$

最大値を与える時刻 $t_{\max}$ は，図 4.5 より $k=0$ の場合で

$$t_{\max} = \frac{1}{\sqrt{1-\zeta^2}\omega_n}\tan^{-1}\frac{\sqrt{1-\zeta^2}}{\zeta} \tag{4.1.32}$$

これをインパルス応答に代入して最大値を得る[*3]．

$$\max_t h(t) = \omega_n e^{-\frac{\zeta}{\sqrt{1-\zeta^2}}\tan^{-1}\frac{\sqrt{1-\zeta^2}}{\zeta}} \tag{4.1.33}$$

例題 4.1.7 2次遅れ系のステップ応答を $y(t)$ とするとき，

$$y(0),\ y(\infty),\ \frac{d}{dt}y(t)|_{t=0},\ \frac{d}{dt}y(t)|_{t=\infty}$$

を求めよ．

(解答)

$$Y(s) = \frac{\omega_n^2}{(s^2 + 2\zeta\omega_n s + \omega_n^2)s} \tag{4.1.34}$$

であるから，

$$y(0) = \lim_{s\to\infty} s\frac{\omega_n^2}{(s^2+2\zeta\omega_n s+\omega_n^2)}\cdot\frac{1}{s} = 0$$

$$y(\infty) = \lim_{s\to 0} s\frac{\omega_n^2}{(s^2+2\zeta\omega_n s+\omega_n^2)}\cdot\frac{1}{s} = 1$$

$$\frac{d}{dt}y(t)\bigg|_{t=0} = \lim_{s\to\infty} s\left(\frac{s\omega_n^2}{(s^2+2\zeta\omega_n s+\omega_n^2)}\cdot\frac{1}{s} - y(0)\right) = 0$$

$$\frac{d}{dt}y(t)\bigg|_{t=\infty} = \lim_{s\to 0} s\left(\frac{s\omega_n^2}{(s^2+2\zeta\omega_n s+\omega_n^2)}\cdot\frac{1}{s} - y(0)\right) = 0$$

例題 4.1.8 ステップ応答 $y(t)$ の最大値を与える時刻とその最大値を求めよ．

[*3] 図 4.4 により，$\sin\theta = \sqrt{1-\zeta^2}$ であることに注意する．

(**解答**) $y(t)$ が極値となるとき，$\dfrac{d}{dt}y(t) = 0$ であるから，

$$\begin{aligned}\frac{d}{dt}y(t) = -\frac{1}{\sqrt{1-\zeta^2}}e^{-\zeta\omega_n t}&\left(-\zeta\omega_n \sin(\sqrt{1-\zeta^2}\omega_n t + \theta)\right.\\ &\left.+\sqrt{1-\zeta^2}\omega_n \cos(\sqrt{1-\zeta^2}\omega_n t + \theta)\right) = 0\end{aligned} \quad (4.1.35)$$

ただし

$$\theta = \tan^{-1}\frac{\sqrt{1-\zeta^2}}{\zeta}$$

これより極値を与える時間は，次のようになる．

$$t = \frac{1}{\sqrt{1-\zeta^2}\omega_n}\left(\tan^{-1}\left(\frac{\sqrt{1-\zeta^2}}{\zeta}\right) - \theta + k\pi\right) = \frac{k\pi}{\sqrt{1-\zeta^2}\omega_n} \quad (k = 0, 1, \cdots)$$

出力の最大値を与える時間は $k = 1$ で，

$$t_{\max} = \frac{\pi}{\sqrt{1-\zeta^2}\omega_n} \quad (4.1.36)$$

これをステップ応答 (4.1.29) に代入して最大値を得る．

$$\max_t y(t) = 1 + e^{-\frac{\zeta\pi}{\sqrt{1-\zeta^2}}} \quad (4.1.37)$$

ζ と $t_{max}\omega_n$，$\max_t y(t)$ の関係を示す．ζ が大きいほど，$\max_t y(t)$ が小さい，すなわちオーバーシュートが小さくなっていることがわかる．

ζ	0.1	0.2	0.3	0.4	0.5	0.6	0.7	0.8	0.9
$t_{\max}\omega_n$	3.157	3.206	3.293	3.427	3.627	3.927	4.399	5.235	7.207
$\max_t y(t)$	1.729	1.527	1.373	1.254	1.163	1.095	1.046	1.015	1.002

極と応答の関係を具体的に求めるために，2 次振動系を一般的に次のように表す．

$$H(s) = \frac{\alpha^2 + \beta^2}{(s + \alpha + j\beta)(s + \alpha - j\beta)} \quad (4.1.38)$$

ステップ応答は

$$Y(s) = \frac{\alpha^2 + \beta^2}{(s + \alpha + j\beta)(s + \alpha - j\beta) \cdot s} \quad (4.1.39)$$

これは，次のように書き直される．

$$Y(s) = \frac{1}{s} + \frac{\alpha^2 + \beta^2}{2j\beta(-\alpha + j\beta)} \cdot \frac{1}{(s+\alpha-j\beta)} + \frac{\alpha^2 + \beta^2}{-2j\beta(-\alpha - j\beta)} \cdot \frac{1}{(s+\alpha+j\beta)} \tag{4.1.40}$$

$$-\alpha + j\beta = \sqrt{\alpha^2 + \beta^2} e^{j(\pi-\theta)}$$

$$\theta = \tan^{-1}\frac{\beta}{\alpha}$$

を用いてラプラス逆変換より

$$y(t) = 1 + \frac{\sqrt{\alpha^2 + \beta^2}}{2j\beta} e^{-\alpha t}\left(e^{j(\beta t+\theta)} - e^{-j(\beta t+\theta)}\right)$$

$$= 1 - \frac{\sqrt{\alpha^2 + \beta^2}}{\beta} e^{-\alpha t}\sin(\beta t + \theta) \tag{4.1.41}$$

$\alpha = 0.25, 0.5, 1.0, 2.0$, $\beta = 1$ の場合のインパルス応答とスッテプ応答を図 4.6 と図 4.7 に示し，$\alpha = 1.0$, $\beta = 0.25, 0.5, 1.0, 2.0$ の場合のインパルス応答とスッテプ応答を図 4.8 と図 4.9 に示す．以上から，一般に α が大きいほど，すなわち極 $(-\alpha \pm j\beta)$ が左にあればあるほど応答が速いといえる．また振動モード $(j\beta)$ を多少入れたほうが応答が速くなる．

4.1.4　零点の影響

ついで零点の影響を考察するため，次のような伝達関数をもつシステムの応答を求める．

$$G(s) = \frac{ab}{c}\frac{s+c}{(s+a)(s+b)} \tag{4.1.42}$$

$s = -c$ が零点になる[*4]ことに注意する．係数は単位ステップ入力 $(1(t))$ に対する定常出力を $y(\infty) = G(0) = 1$ とするため与えた．$a = 1, b = 2$ のとき，$c = \pm 0.5, \pm 2, \pm 4$ に対するステップ応答を求める．与えられたシステムは次のように，

$$G(s) = \frac{(c^{-1}s + 1)}{(a^{-1}s + 1)(b^{-1}s + 1)}$$

[*4] このほかに $s = \infty$ も零点になるが，これを無限零点と呼ぶ．有限のものは特に，有限零点という．

図 4.6 2 次系のインパルス応答

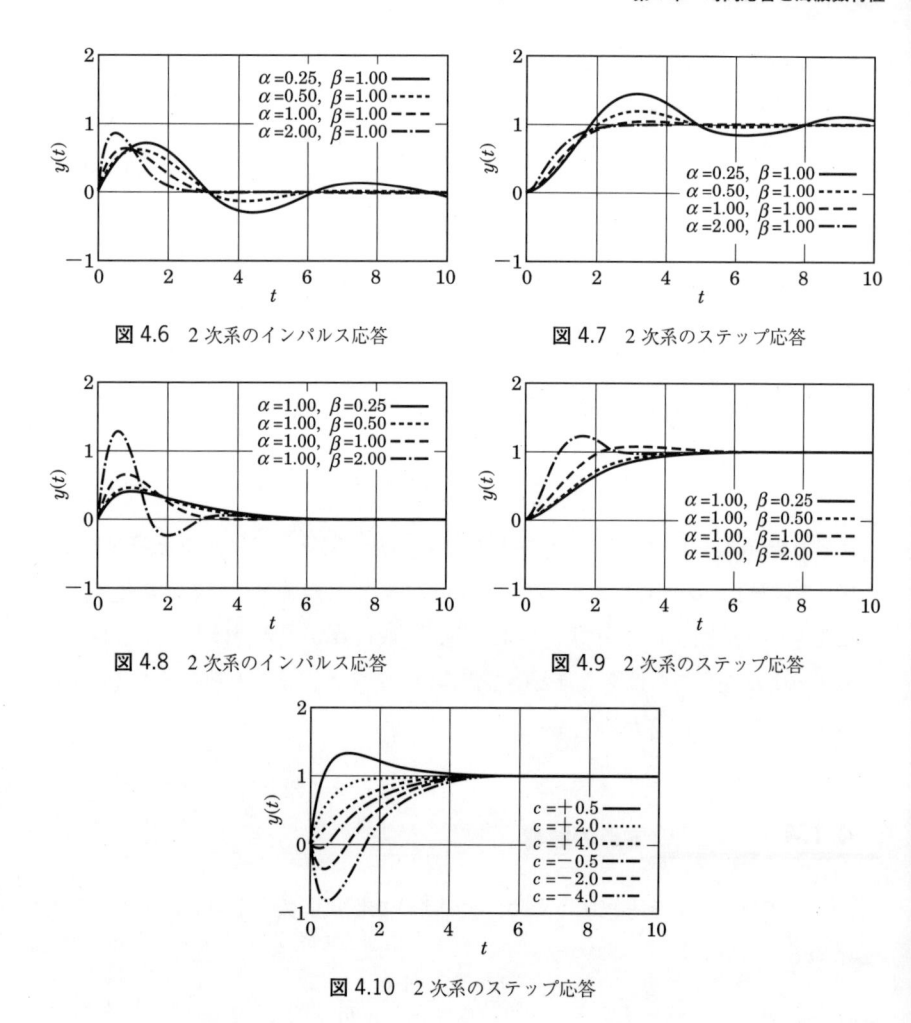

図 4.7 2 次系のステップ応答

図 4.8 2 次系のインパルス応答

図 4.9 2 次系のステップ応答

図 4.10 2 次系のステップ応答

であるから，図 4.10 で示すように $c > 0$ が小さいとき，微分項 $c^{-1}s$ の影響が大きくなり，応答が速くなることがわかる．このことをもう少し詳しく調べるために

$$H(s) = \frac{1}{(a^{-1}s+1)(b^{-1}s+1)}$$

について考える．ステップ応答 $(\mathcal{L}^{-1}\left[H(s) \cdot \frac{1}{s}\right])$ とその微分であるインパルス応答 $(\mathcal{L}^{-1}\left[sH(s) \cdot \frac{1}{s}\right] - y(0))$ は図 4.3 に示されている．$G(s) = c^{-1}sH(s) + H(s)$ であるか

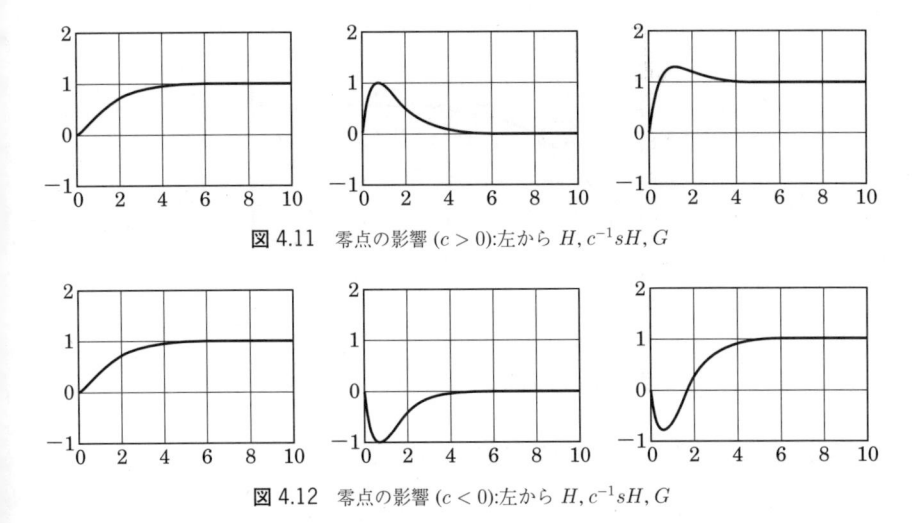

図 4.11　零点の影響 $(c>0)$:左から $H, c^{-1}sH, G$

図 4.12　零点の影響 $(c<0)$:左から $H, c^{-1}sH, G$

ら，$c>0$ ならインパルス応答の影響が大きくなるために応答が速くなり，$c<0$ ならインパルス応答が逆に与えられるために，応答の初めに入力と逆の方向に応答する逆応答を与えることがわかる．(図 4.11, 図 4.12) $c<0$ のシステムは後の節で述べる非最小位相系といわれるシステムである．

4.1.5　1 次遅れ・むだ時間系

一般に高次系の応答を取り扱う場合，次のように 1 次遅れ・むだ時間系で近似して使うことが多い．

$$G(s) = \frac{Ke^{-sL}}{Ts+1} \quad (4.1.43)$$

このパラメータを実際の応答から求めることは古くて新しい研究である．古くから行われてきた方法は，ステップ応答の変曲点，すなわち曲率の符号が反転する点の勾配を時定数の逆数ととる方法である．たとえば，

$$H(s) = \frac{1}{(s+\frac{1}{T_1})^2 T_1^2} \quad (4.1.44)$$

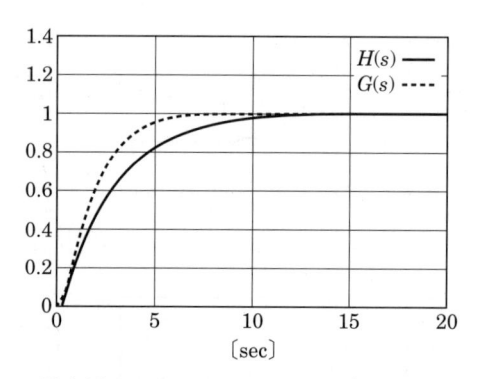

図 4.13 正弦波入力と 1 次遅れシステムの応答

で与えられるシステムのステップ応答 (4.1.16) の変曲点は (4.1.18) より

$$(T_1,\ 1 - 2e^{-1})$$

であり,このときの勾配は (4.1.19) から

$$\max_t h(t) = \frac{1}{T_1}e^{-1}$$

であるから,時定数は

$$T = T_1 e$$

$$1 : T_1 e = 1 - 2e^{-1} : T_1(e - 2)$$

より,むだ時間は

$$L = T_1 - T_1(e - 2) = T_1(3 - e)$$

で与えられる.

(4.1.44) について $T_1 = 1$ の場合には,1 次遅れ・むだ時間近似系 (4.1.43) のパラメータは,$T = 2.72, L = 0.282, K = 1.0$ となる.ステップ応答の比較を図 4.13 に示す.

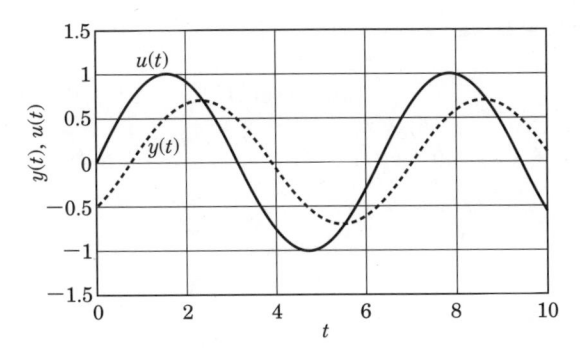

図 4.14　正弦波入力と 1 次遅れシステムの応答

4.2　入出力関係と周波数特性

4.2.1　周波数特性

システムの入力を $u(t)$, 出力を $y(t)$, 荷重関数[*5]を $h(t)$ とすると次の関係式が成立する.

$$y(t) = \int_0^\infty h(\tau) u(t - \tau) d\tau \tag{4.2.1}$$

図 4.14 に示すように, 正弦波入力を線形時不変システムに加えると, 出力も正弦波になる. 出力の周期は入力のそれと同じになるが, 振幅や位相は一般に異なる. これらの違いはシステムの伝達関数から求めることができる. 本節ではそのことを確かめよう. それでは, 周期 T の正弦波

$$u(t) = \sin\left(\frac{2\pi}{T} t\right)$$

に対する出力 $y(t)$ を求めてみよう. 今後わかりやすくするために周期 T の代わりに, 角速度

$$\omega = \frac{2\pi}{T} \; [\text{rad/sec}]$$

[*5]　単位を区別しなければ, インパルス応答に一致する.

を用いることにする．このとき入力は

$$u(t) = \sin \omega t \tag{4.2.2}$$

と表せる．これをあらためて $u_s(t)$ とおき，$u_s(t)$ に対する出力を $y_s(t)$ とする．さらに入力

$$u_c(t) = \cos \omega t \tag{4.2.3}$$

に対する出力を $y_c(t)$ とする．このとき，次のような入力

$$u(t) = u_c(t) + ju_s(t) = \cos \omega t + j \sin \omega t = e^{j\omega t} \tag{4.2.4}$$

をシステムに加えたときの出力は (4.2.1) より

$$y(t) = \int_0^\infty h(\tau) e^{j\omega(t-\tau)} d\tau \tag{4.2.5}$$

$$= \int_0^\infty h(\tau) e^{-j\omega\tau} d\tau e^{j\omega t} \tag{4.2.6}$$

$$= H(j\omega) e^{j\omega t} \tag{4.2.7}$$

と書ける．ここで $H(j\omega)$ は，$h(t)$ のラプラス変換の s に $j\omega$ を代入したものである．しかるに

$$H(j\omega) = \mathrm{Re} H(j\omega) + j \mathrm{Im} H(j\omega) \tag{4.2.8}$$

であるから[*6]

$$H(j\omega) = |H(j\omega)| e^{j\angle H(j\omega)} \tag{4.2.9}$$

と表せる．ここで

$$|H(j\omega)| = \sqrt{\mathrm{Re} H(j\omega)^2 + \mathrm{Im} H(j\omega)^2}$$

$$\angle H(j\omega) = \tan^{-1} \frac{\mathrm{Im} H(j\omega)}{\mathrm{Re} H(j\omega)}$$

(4.2.9) を (4.2.7) に代入すると，正弦波入力に対する出力 $y(t)$ は，

$$y(t) = y_c(t) + jy_s(t) \tag{4.2.10}$$

[*6] $\mathrm{Re} H(j\omega)$ は $H(j\omega)$ の実部, $\mathrm{Im} H(j\omega)$ は $H(j\omega)$ の虚部を表す．第3章を参照．

4.2 入出力関係と周波数特性

ただし

$$y_s(t) = |H(j\omega)|\sin(\omega t + \angle H(j\omega)) \qquad (4.2.11)$$

$$y_c(t) = |H(j\omega)|\cos(\omega t + \angle H(j\omega)) \qquad (4.2.12)$$

で与えられるから，正弦波入力に対する出力はまた同じ周期をもつ正弦波であることがわかる．ここで $|H(j\omega)|$ をゲイン，$\angle H(j\omega)$ を位相という．

$$H(s) = \frac{1}{s+1}$$

の場合，次のように与えられる．

$$|H(j\omega)| = \frac{1}{\sqrt{\omega^2+1}}$$

$$\angle H(j\omega) = -\tan^{-1}\omega$$

例題 4.2.1 1次系のシステムに，振幅が1，周期が 2π 秒の正弦波入力を加えたものとする．出力との間の遅れが $\pi/4$ 秒のとき，出力の振幅とプラントの時定数を求めよ．また π の周期の正弦波入力を加えると出力の遅れは何秒か．

(解答) 1次系のシステム

$$\frac{1}{Ts+1}$$

のゲインと位相は次のようになる．

$$|H(j\omega)| = \frac{1}{\sqrt{T^2\omega^2+1}}$$

$$\angle H(j\omega) = -\tan^{-1}(T\omega)$$

周期 2π 秒の正弦波入力は角周波数 $\omega = 2\pi/(2\pi) = 1$ であるから，遅れは

$$\tan^{-1}(T \times 1) = \frac{\pi}{4}$$

ラジアンであることより $T = 1$ となり，出力の振幅は

$$\frac{1}{\sqrt{T^2\omega^2+1}} = \frac{1}{\sqrt{2}}$$

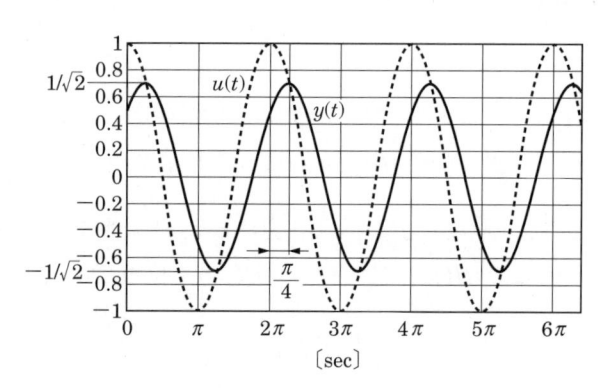

図 4.15 正弦波入力 $(\cos(t))$ と 1 次システムの出力

であることがわかる（図 4.15）．

π 秒の周期の正弦波の角周波数は $\omega' = 2$ であるから，位相遅れは，

$$\tan^{-1}(T\omega') = \tan^{-1} 2 \approx 1.11$$

ラジアンとなり，

$$位相遅れ \div 2\pi \times 周期 = \tan^{-1} 2 \times \frac{1}{2\pi} \times \pi = \frac{\tan^{-1} 2}{2} \approx 0.554$$

秒の遅れがある（図 4.16）．周期 2π 秒の正弦波に対しては，$\pi/4 \approx 0.785$ 秒であったので，これは，位相遅れが大きくなっても実際の時間遅れは大きくならないことを示している．

例題 4.2.2

$$H(s) = \frac{\omega_n^2}{s^2 + 2\zeta\omega_n s + \omega_n^2}$$

で記述される 2 次振動系において，正弦波入力に対して最大の出力振幅を与える周波数（角速度）とその振幅比を求めよ．

（解答）

$$|H(j\omega)| = \frac{\omega_n^2}{\sqrt{(\omega_n^2 - \omega^2)^2 + 4\zeta^2\omega_n^2\omega^2}}$$

4.2 入出力関係と周波数特性

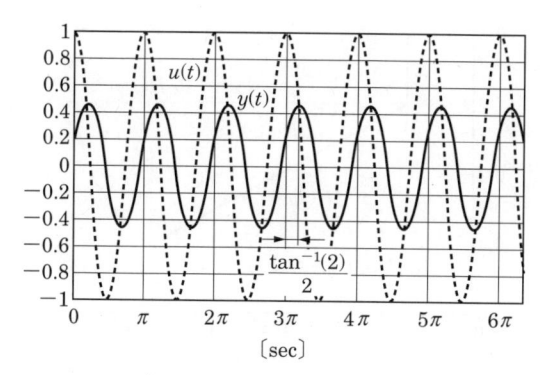

図 4.16 正弦波入力 ($\cos(2t)$) と 1 次システムの出力

これを最大にする ω を,微分して求める.

$$\frac{d|H(j\omega)|}{d\omega} = \frac{\omega_n^2(-2(\omega_n^2-\omega^2)2\omega + 8\zeta^2\omega_n^2\omega)}{\{(\omega_n^2-\omega^2)^2 + 4\zeta^2\omega_n^2\omega^2\}^{\frac{3}{2}}}$$

より最大値を与える ω は次式を満たす.

$$\omega^2 + 2\zeta^2\omega_n^2 - \omega_n^2 = 0$$

より

$$\omega = \sqrt{1-2\zeta^2}\,\omega_n$$

このときの最大ゲインは,

$$\max_\omega |H(j\omega)| = \frac{\omega_n^2}{\sqrt{4\zeta^4\omega_n^4 + 4\zeta^2\omega_n^4(1-2\zeta^2)}} = \frac{1}{2\zeta\sqrt{1-\zeta^2}}$$

ζ を変化させたときには,最大ゲインは下の表のようになる.

ζ	0.1	0.2	0.3	0.4	0.5	0.6	0.7
$\max_\omega \|H(j\omega)\|$	5.025	2.552	1.747	1.364	1.155	1.047	1.000

一般に

$$H(j\omega) = \frac{H_1(j\omega)H_2(j\omega)}{H_3(j\omega)H_4(j\omega)} \tag{4.2.13}$$

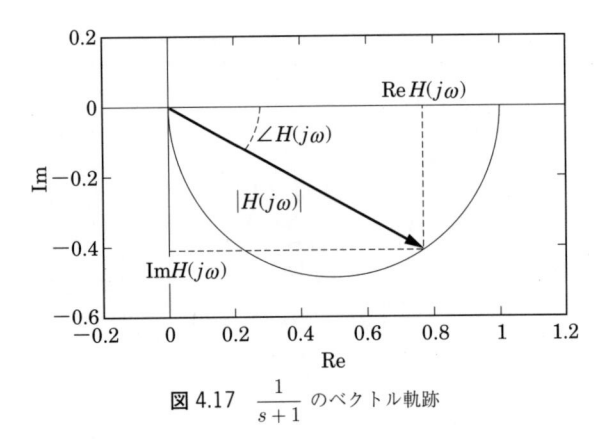

図 4.17　$\dfrac{1}{s+1}$ のベクトル軌跡

と記述される場合,

$$H_i(j\omega) = |H_i(j\omega)|e^{j\angle H_i(j\omega)}, \quad (i=1,2,3,4)$$

と書けるから,

$$H(j\omega) = |H(j\omega)|e^{j\angle H(j\omega)} \tag{4.2.14}$$

ただし

$$|H(j\omega)| = \frac{|H_1(j\omega)||H_2(j\omega)|}{|H_3(j\omega)||H_4(j\omega)|} \tag{4.2.15}$$

$$\angle H(j\omega) = \angle H_1(j\omega) + \angle H_2(j\omega) - \angle H_3(j\omega) - \angle H_4(j\omega) \tag{4.2.16}$$

4.2.2　ベクトル軌跡

　線形システムの周波数特性は $H(j\omega)$ で与えられることがわかった.この $H(j\omega)$ を記述するにはいろいろな方法がある.

$$H(j\omega) = \mathrm{Re}H(j\omega) + j\mathrm{Im}H(j\omega) \tag{4.2.17}$$

を図 4.17 のように実部を横軸,虚部を縦軸で表した平面上の一点で表し,ω を

4.2 入出力関係と周波数特性

$-\infty$ から ∞ まで変化させたときの軌跡を書くことにより，$H(j\omega)$ を表せる．この線図はベクトル軌跡と呼ばれる．

$H(j\omega)$ の実部と虚部は

$$H(j\omega) = \int_0^\infty h(\tau)e^{-j\omega\tau}d\tau \tag{4.2.18}$$

$$= \int_0^\infty h(\tau)(\cos\omega\tau - j\sin\omega\tau)d\tau \tag{4.2.19}$$

$$= \int_0^\infty h(\tau)\cos\omega\tau\, d\tau - j\int_0^\infty h(\tau)\sin\omega\tau\, d\tau \tag{4.2.20}$$

$$= \mathrm{Re}H(j\omega) + j\mathrm{Im}H(j\omega) \tag{4.2.21}$$

であるから，

$$H(-j\omega) = \mathrm{Re}H(j\omega) - j\mathrm{Im}H(j\omega) \tag{4.2.22}$$

となる．これより $H(j\omega)$ と $H(-j\omega)$ は，実軸に対して対称であることがわかる．すなわち $H(j\omega)$ は ω が 0 から ∞ までの軌跡が描ければ，$-\infty$ から ∞ までの軌跡がわかるので通常 ω は 0 から ∞ までの軌跡しか描かない．

それでは，次のような 1 次遅れ系についてベクトル軌跡を描いてみよう．

$$H(s) = \frac{1}{Ts+1}$$

$s = j\omega$ を代入すると，

$$H(j\omega) = \frac{-jT\omega + 1}{T^2\omega^2 + 1} = \frac{1}{T^2\omega^2 + 1} - j\frac{T\omega}{T^2\omega^2 + 1}$$

ω	0	0.5/T	1/T	2/T	∞
$H(j\omega)$	1	$0.8 - j0.4$	$0.5 - j0.5$	$0.2 - j0.4$	0

$$\omega = \lambda/T$$

とすると，

$$H(j\omega) = \frac{1}{j\lambda + 1}$$

となるので，ω の値を記入しなければ，1 次遅れ系のベクトル線図の形は T に関係なく同じである．ベクトル軌跡を図 4.17 に与える．

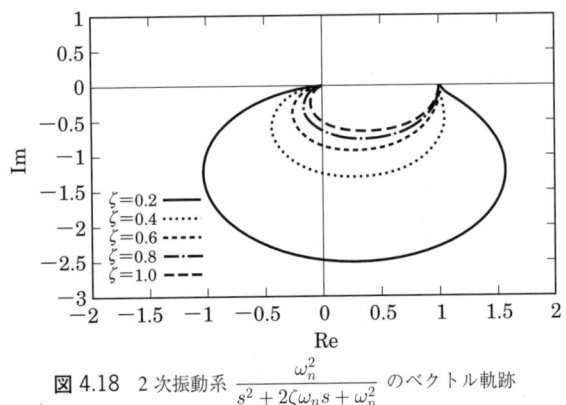

図 4.18 2次振動系 $\dfrac{\omega_n^2}{s^2 + 2\zeta\omega_n s + \omega_n^2}$ のベクトル軌跡

注目すべき点は，$\omega = 0$ で，角度 $\angle H(j\omega)$ が 0 からはじまり，$\omega = \infty$ で $-90°$ の角度で原点に近づいていることである．

ついで，(4.1.20) で与えられる 2次遅れ系のベクトル軌跡をいろいろな ζ について図 4.18 に描いてみる．ここで注意すべきことは，ω が ∞ に近づくとき，ベクトル軌跡は $-180°$ の角度で原点に近づくことである．2次振動系の伝達関数は，

$$H(s) = \dfrac{1}{\left(\dfrac{s}{\omega_n}\right)^2 + 2\zeta\left(\dfrac{s}{\omega_n}\right) + 1} \quad (4.2.23)$$

と記述できるので，

$$\lambda = \dfrac{\omega}{\omega_n}$$

とおくと，

$$H(j\omega) = \dfrac{1}{1 - \lambda^2 + 2\zeta\lambda j} \quad (4.2.24)$$

これより，ベクトル軌跡は ω_n にかかわらず λ によって描くことができる．さらに，ζ によって同じ形をする事に注目しなければならない．これはあとの Bode 線図で使われる．

さらに，相対次数が 1 次の非最小位相系 $H_1(s)$ および，2次 $H_2(s)$，3次 $H_3(s)$，4次 $H_4(s)$ の最小位相系のベクトル軌跡を図 4.19 に示す．

4.2 入出力関係と周波数特性

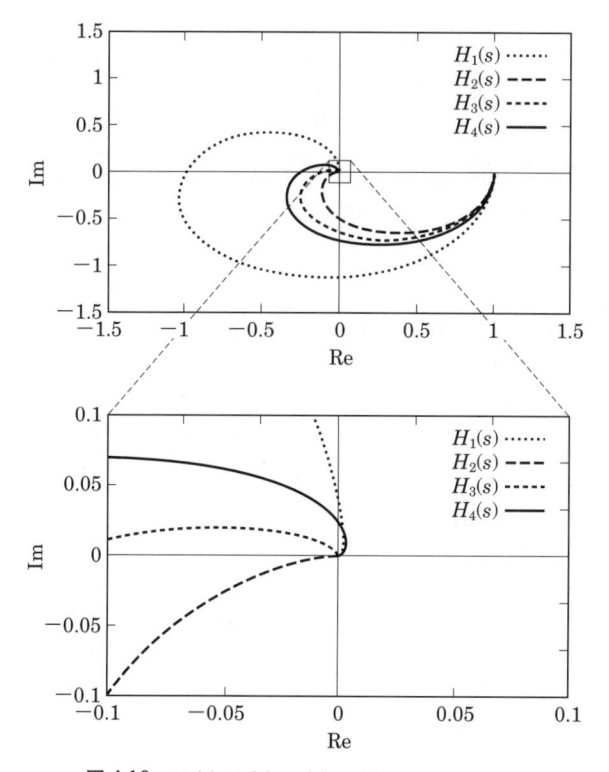

図 4.19 $H_1(s), H_2(s), H_3(s), H_4(s)$ のベクトル軌跡

$$H_1(s) = \frac{-s+1}{(0.5s+1)^2}, \qquad H_2(s) = \frac{1}{(s+1)^2},$$
$$H_3(s) = \frac{1}{(s+1)^3}, \qquad H_4(s) = \frac{1}{(s+1)^4}$$

このように，$H_1(s), H_2(s), H_3(s), H_4(s)$ のベクトル軌跡は原点に，それぞれ $-270\mathrm{deg}$, $-180\mathrm{deg}$, $-270\mathrm{deg}$, $-360\mathrm{deg}$ の角度から漸近する．

4.2.3　Bode 線図

Bode はボーデと発音されるが，日本ではボード線図といわれることが多い．ベ

クトル軌跡では，周波数特性そのものは表現しやすいが，

$$H(j\omega) = \frac{H_1(j\omega)H_2(j\omega)}{H_3(j\omega)H_4(j\omega)} \tag{4.2.25}$$

のように周波数特性が部分システムの周波数特性からなる場合，$H_i(j\omega)$ のベクトル軌跡が与えられても $H(j\omega)$ を描くのは大変である．そこで $H(j\omega)$ のゲイン $|H(j\omega)|$ と位相 $\angle H(j\omega)$ を別々に描く方法を述べる．

$$20\log_{10}|H(j\omega)|$$

のようにゲインを dB（デシベル）で表すと，次のように，

$20\log|H(j\omega)| =$
$20\log|H_1(j\omega)| + 20\log|H_2(j\omega)| - 20\log|H_3(j\omega)| - 20\log|H_4(j\omega)|$ (4.2.26)

部分システム $H_i(j\omega)$ のゲインの和と差で $H(j\omega)$ のゲインが描ける．位相は

$$\angle H(j\omega) = \angle H_1(j\omega) + \angle H_2(j\omega) - \angle H_3(j\omega) - \angle H_4(j\omega) \tag{4.2.27}$$

から部分システムの位相の和と差で表現されることがわかる．まずは

$$H(s) = Ts + 1$$

の Bode 線図を描いてみよう．$H(j\omega) = jT\omega + 1$ より，ゲインは

$$20\log|H(j\omega)| = 20\log\sqrt{T^2\omega^2 + 1}$$

となるので，$T\omega \ll 1$ なるときは，

$$20\log|H(j\omega)| \cong 0$$

$T\omega \gg 1$ なるときは，

$$20\log|H(j\omega)| \cong 20\log T\omega$$

これは，$\log\omega$ を横軸にとれば，ω が 10 倍になるごとにゲインは 20dB ずつ増加

4.2 入出力関係と周波数特性

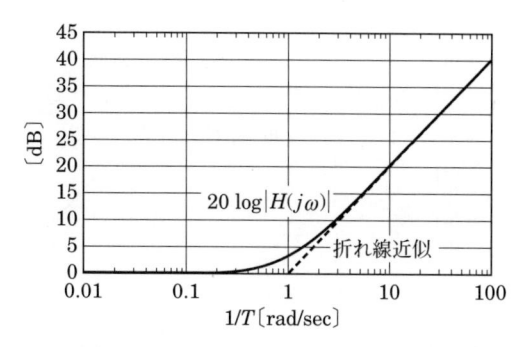

図 4.20 $Ts+1$ のボード線図(ゲイン線図)

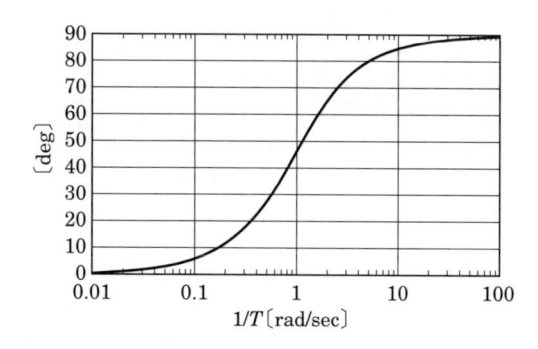

図 4.21 $Ts+1$ のボード線図(位相線図)

することになる.また位相は

$$\angle H(j\omega) = \tan^{-1} T\omega$$

で与えられるから,$\omega = 0$ のとき $\angle H(j\omega) = 0$,$\omega = 1/T$ のとき $\angle H(j\omega) = \pi/4$,$\omega = \infty$ のとき $\angle H(j\omega) = \pi/2$.このように周波数が大きくなるとき,位相も大きくなるものを位相進み要素という.ω が $1/T$ まで 0 をとり,$1/T$ より大きいところで 20dB/dec の勾配の直線で近似したものを折れ線近似という.$s+1$ のボード線図を図 4.20 と図 4.21 に示す.

(4.2.26),(4.2.27) を利用するとすぐ

$$H(s) = \frac{1}{Ts+1}, \quad (T=1)$$

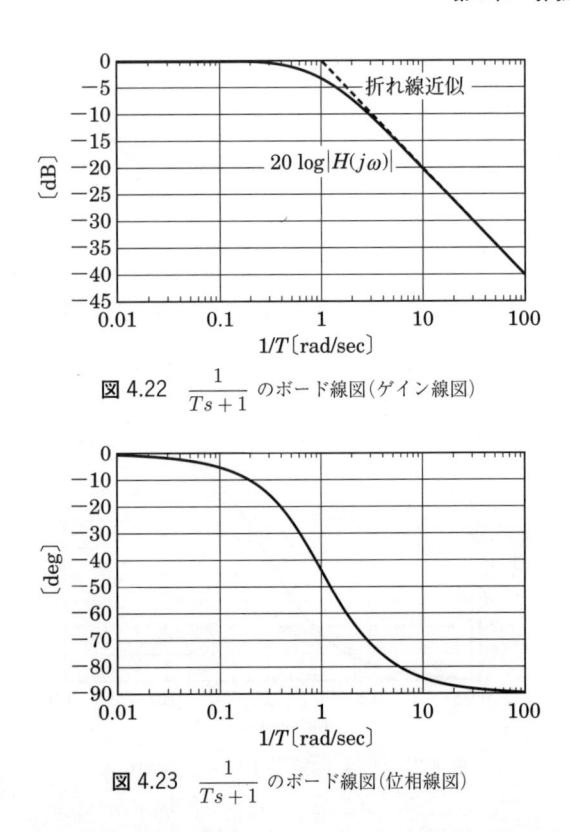

図 4.22 $\dfrac{1}{Ts+1}$ のボード線図（ゲイン線図）

図 4.23 $\dfrac{1}{Ts+1}$ のボード線図（位相線図）

の Bode 線図が，図 4.22，図 4.23 のように与えられる．折れ点は $\omega = 1/T$ である．

それではつづいて，

$$H(s) = \frac{1}{(T_1 s+1)(T_2 s+1)} \tag{4.2.28}$$

の Bode 線図がどうなるか考える．ゲインは

$$20 \log |H(j\omega)| = -20 \log \sqrt{T_1^2 \omega^2 + 1} - 20 \log \sqrt{T_2^2 \omega^2 + 1} \tag{4.2.29}$$

$$\angle H(j\omega) = -\tan^{-1} T_1 \omega - \tan^{-1} T_2 \omega \tag{4.2.30}$$

で表される．ゲインの折れ線近似は $T_1 > T_2$ のとき，$1/T_1$ を超えると $-20\mathrm{dB/dec}$

4.2 入出力関係と周波数特性

図 4.24　$\dfrac{1}{(T_1 s + 1)(T_2 s + 1)}$ のボード線図（ゲイン線図）

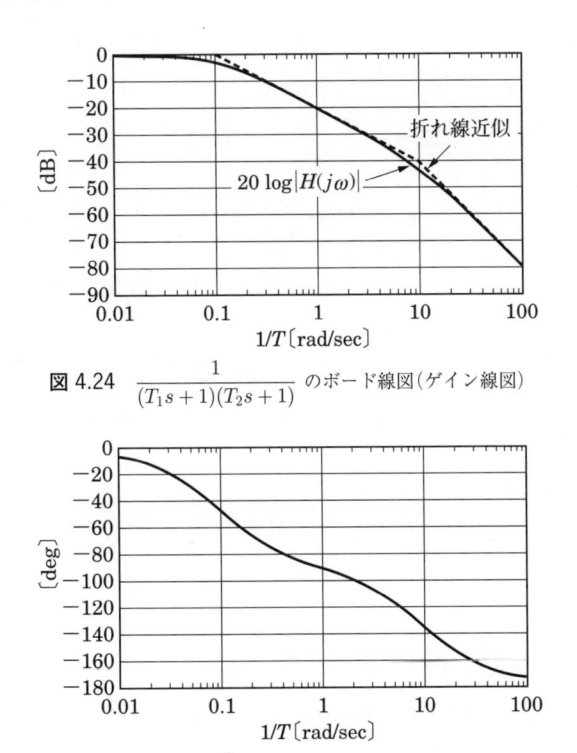

図 4.25　$\dfrac{1}{(T_1 s + 1)(T_2 s + 1)}$ のボード線図（位相線図）

の勾配になり，さらに $1/T_2$ を超えると -40dB/dec の勾配となる．

$T_1 = 0.1$, $T_2 = 10.0$ の場合のボード線図を図 4.24, 図 4.25 に示す．

ついで 2 次振動系 (4.1.20) の Bode 線図を考える．このシステムのゲインと位相は

$$|H(j\omega)| = \frac{\omega_n^2}{\sqrt{(\omega_n^2 - \omega^2)^2 + 4\zeta^2 \omega_n^2 \omega^2}} \tag{4.2.31}$$

$$20 \log |H(j\omega)| = -20 \log \sqrt{(1 - (\frac{\omega}{\omega_n})^2)^2 + 4\zeta^2 (\frac{\omega}{\omega_n})^2} \tag{4.2.32}$$

$$= -20 \log \sqrt{(\frac{\omega}{\omega_n})^4 - 2(1 - 2\zeta^2)(\frac{\omega}{\omega_n})^2 + 1} \tag{4.2.33}$$

で記述されるから，$\omega \gg \omega_n$ のとき，

$$\angle H(j\omega) = -\tan^{-1}\frac{2\zeta(\frac{\omega}{\omega_n})}{1-(\frac{\omega}{\omega_n})^2} \qquad (4.2.34)$$

$$20\log|H(j\omega)| = -20\log\sqrt{\left(\frac{\omega}{\omega_n}\right)^4} = -40\log\left(\frac{\omega}{\omega_n}\right)$$

であるから，$\omega = \omega_n$ から -40dB/dec の勾配の直線に漸近的に近づく．また位相は $-180°$ になることがわかる．

$\zeta = 0.2, 0.4, 0.6, 0.8, 1.0$ のときのボード線図を図 4.26，図 4.27 に示す．角速度 ω が10倍になるにつれて，40dB ずつ下がっている．また角度は $0°$ から $-180°$ まで変化している．

$$H(s) = \frac{ab}{c}\frac{s+c}{(s+a)(s+b)}$$
$$= \frac{(c^{-1}s+1)}{(a^{-1}s+1)(b^{-1}s+1)}$$

なるシステムの Bode 線図がどのように表せるか考えよう．$a, b, c > 0$ なるとき，ω が大きくなると，ゲインは -20dB/dec で変化し，位相は $-90°$ に近づく．しかるに，$c < 0$ の場合，

$$c^{-1}j\omega + 1 = \sqrt{c^{-2}\omega^2 + 1}e^{j\tan^{-1}(c^{-1}\omega)}$$

与えられたシステムは ω が大きくなると，ゲインは -20dB/dec で変化するが，位相は $-270°$ になることになり，ゲインから位相を決められない．このようなシステムを非最小位相系といい，前に述べた場合のシステム ($c > 0$) を最小位相系という．ボード線図を図 4.28 と図 4.29 に示す．

以上，ある周波数までのゲインが0dBであるがそれ以上になると，ゲインが小さくなるシステムを考えてきた．このようなシステムをローパス（低域周波数ろ過）特性をもつシステムという．また位相が遅れるなら位相遅れ要素という．

例題 4.2.3 むだ時間 L をもつシステム e^{-Ls} は，周波数 n/L までゲインが

4.2 入出力関係と周波数特性

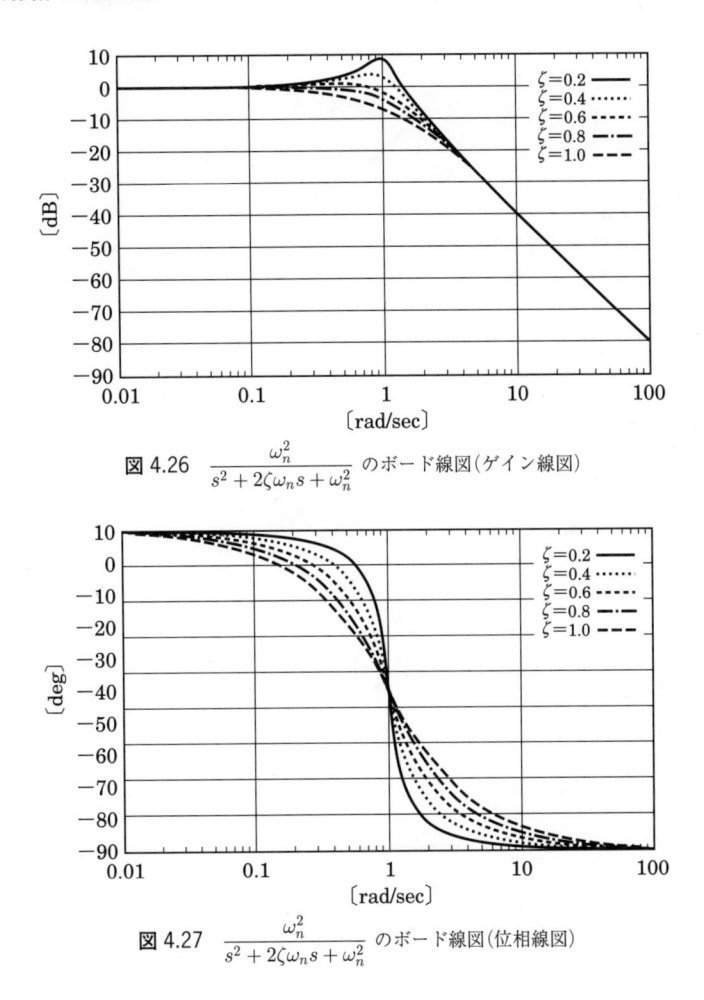

図 4.26 $\dfrac{\omega_n^2}{s^2 + 2\zeta\omega_n s + \omega_n^2}$ のボード線図（ゲイン線図）

図 4.27 $\dfrac{\omega_n^2}{s^2 + 2\zeta\omega_n s + \omega_n^2}$ のボード線図（位相線図）

1で，位相遅れをもつシステム

$$\frac{1}{(Ls/n + 1)^n} \tag{4.2.35}$$

に近似できることを述べよ．ここで n は十分に大きな自然数である．

(解答) むだ時間 e^{-Ls} を $s = 0$ でテイラー展開すると次のようになる．

$$e^{-Ls} = 1 - Ls + \frac{1}{2!}L^2 s^2 - \frac{1}{3!}L^3 s^3 + \cdots \tag{4.2.36}$$

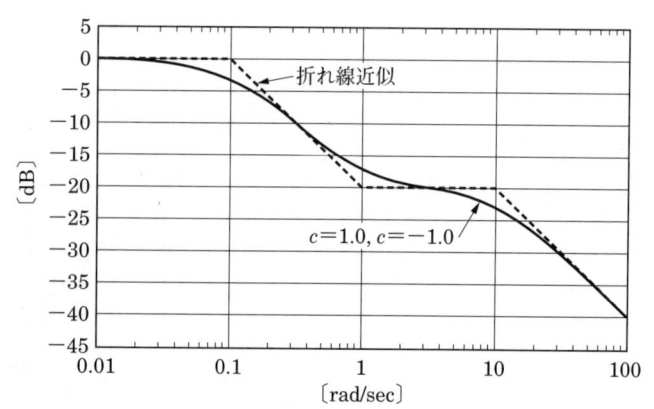

図 4.28 $\dfrac{ab}{c}\dfrac{s+c}{(s+1)(s+b)}(a=0.1, b=10, c=\pm1)$ のボード線図（ゲイン線図）

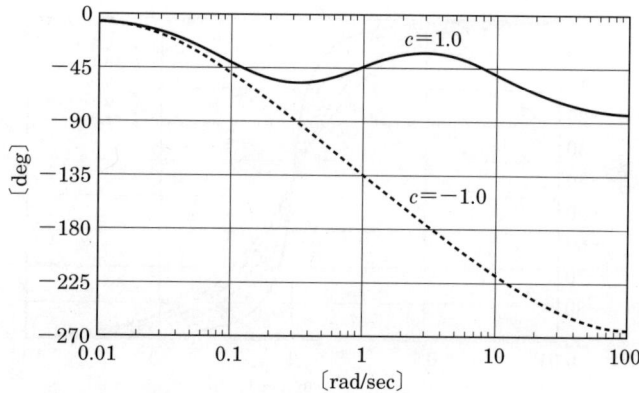

図 4.29 $\dfrac{ab}{c}\dfrac{s+c}{(s+1)(s+b)}(a=0.1, b=10, c=\pm1)$ のボード線図（位相線図）

一方で，$\dfrac{1}{(Ls/n+1)^n}$ を $s=0$ でテイラー展開すると次のようになる．

$$\dfrac{1}{(Ls/n+1)^n} = 1 - Ls + \dfrac{1}{2!}\left(\dfrac{L}{n}\right)^2 \dfrac{(n+1)!}{(n-1)!}\cdot s^2 - \dfrac{1}{3!}\left(\dfrac{L}{n}\right)^3 \dfrac{(n+2)!}{(n-1)!}\cdot s^3 + \cdots$$

右辺は，n が十分に大きいときに，(4.2.36) の右辺に近づく．

$n=1,2,5,10$ の場合の (4.2.35) と e^{-Ls} の $L=1$ の場合のボード線図を図 4.30 と図 4.31 に示す．

4.2 入出力関係と周波数特性

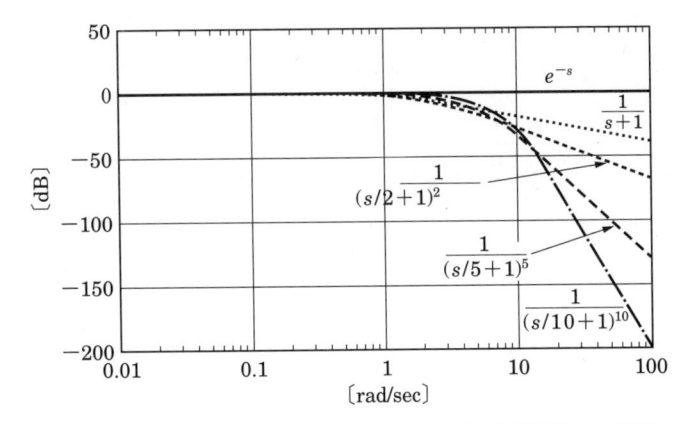

図 4.30 むだ時間システムとその近似システムのボード線図(ゲイン線図)

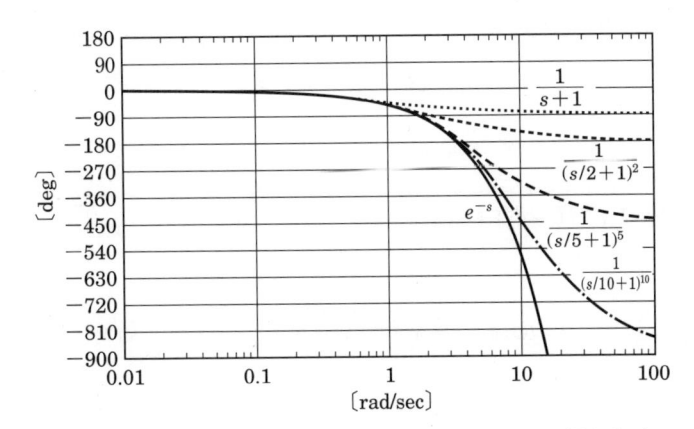

図 4.31 むだ時間システムとその近似システムのボード線図(位相線図)

例題 4.2.4

$$H(s) = \frac{T_1 s + 1}{T_2 s + 1}$$

のシステムを $T_1 > T_2, T_2 > T_1$ の場合について,Bode 線図をかけ,この要素は位相遅れ・進み要素,あるいは位相進み・遅れ要素といわれる理由を述べよ.

(解答) ボード線図は図 4.32 と図 4.33 のようになる.

このように,$T_1 > T_2$ のときには中間周波数帯で位相が進む (> 0) ので位相進

み要素となり，$T_1 < T_2$ のときには中間周波数帯で位相が遅れる (< 0) ので位相遅れ要素といえる．

例題 4.2.5 2次遅れ系

$$H(s) = \frac{s\omega_n^2}{s^2 + 2\zeta\omega_n s + \omega_n^2}$$

のバンド幅を求めよ．ただしバンド幅とは $-3\mathrm{dB}$ 以上のゲインをもつ周波数帯域のことである．

(解答)

$$|H(j\omega)| = \frac{\omega_n^2 \omega}{\sqrt{(\omega^2 - \omega_n^2)^2 + 4\zeta^2\omega_n^2\omega^2}} = \frac{1}{\sqrt{2}}$$

$\omega/\omega_n = \lambda$ とする

$$\lambda^4 - (2 - 4\zeta)\lambda^2 + 1 = 2\lambda^2$$

$$\lambda^2 = 2(1 - \zeta^2) \pm \sqrt{4(1 - \zeta^2)^2 - 1}$$

$$\text{バンド幅} = \sqrt{2(1 - \zeta^2) + \sqrt{4(1 - \zeta^2)^2 - 1}} - \sqrt{2(1 - \zeta^2) - \sqrt{4(1 - \zeta^2)^2 - 1}}$$

問題 4.2.1 次の伝達関数をもつシステムのベクトル軌跡と Bode 線図を描け．

$$H(s) = \frac{1}{s(Ts + 1)}$$

例題 4.2.6 図 4.34 は，ある 1 次遅れシステムの入出力特性である．伝達関数を求めよ．また，ボード線図を描け．

(解答)

$$H(s) = \frac{K}{Ts + 1} \tag{4.2.37}$$

について，

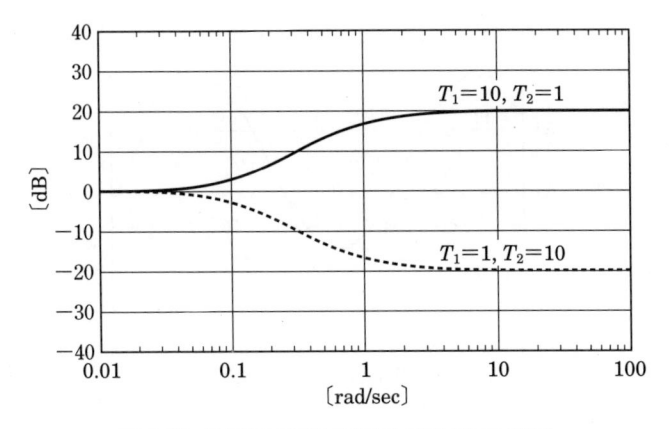

図 4.32 位相進み要素と位相遅れ要素（ゲイン線図）

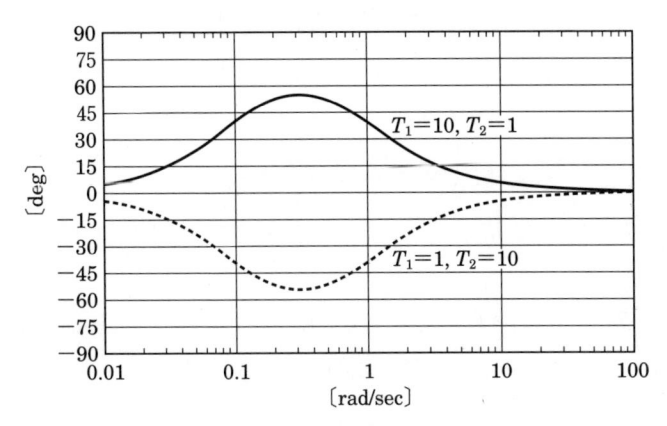

図 4.33 位相進み要素と位相遅れ要素（位相線図）

$$|H(j\omega)| = \frac{K}{\sqrt{T^2\omega^2 + 1}}$$
$$\angle H(j\omega) = \tan^{-1}(-T\omega)$$

である．図 4.34 より，振幅が 1，周期が 4π [sec] の正弦波入力に対して，出力は振幅が 1.3416 で遅れが 2.2143 [sec] であるので，この 1 次遅れシステムは，角周波数 $\omega = 0.5$ [rad/sec] の正弦波に対して，ゲインが 1.3416，位相遅れは

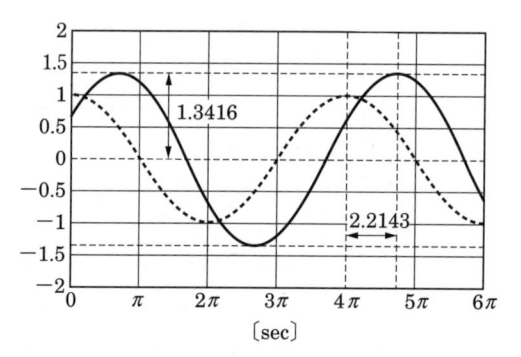

図 4.34 入力信号

$$\frac{2.2143}{4\pi} \cdot 2\pi = 1.1072 \ [\text{rad}]$$

になる.すなわち,

$$|H(j\omega)| = \frac{K}{\sqrt{T^2\omega^2+1}} = 1.3416$$

$$\angle H(j\omega) = \tan^{-1}(-T\omega) = 1.1072$$

$\omega = 0.5$ で,これらを解いて $T = 4.000$, $K = 3.000$ を得る.

例題 4.2.7 図 4.35 は,ある 2 次遅れシステムのボード線図である.伝達関数を求めよ.また,$\sin(t), \sin(5t), \sin(10t), \sin(50t)$ を入力としたときの出力を求めよ.

(解答) 図 4.35 のゲイン線図で,10rad/sec 以上の高周波数でゲインは 40dB/dec で減少している.また位相線図から,高周波での位相遅れは 180deg である.したがって,この 2 次のシステムの伝達関数は次のようにおける.

$$H(s) = \frac{K\omega_n^2}{s^2 + 2\zeta\omega_n s + \omega_n^2} \tag{4.2.38}$$

DC のゲインは 20dB なので,$K = 10$ が定まる.また共振周波数は,4.94975rad/sec なので,

$$\omega_n\sqrt{1-2\zeta^2} = 4.94975 \tag{4.2.39}$$

4.2 入出力関係と周波数特性

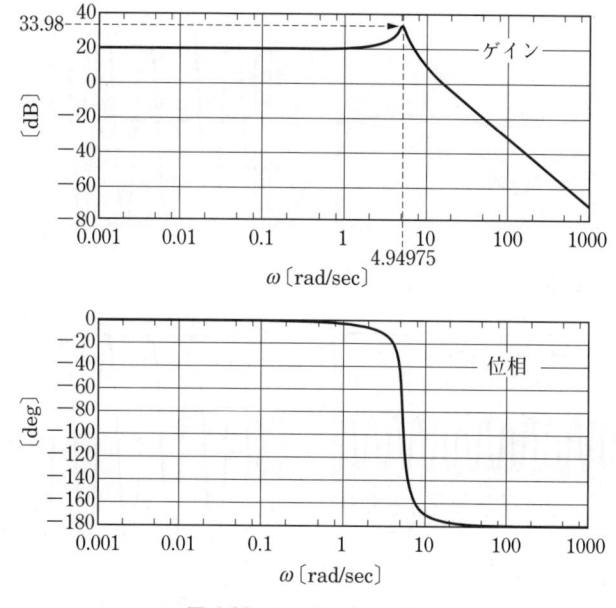

図 4.35 2次系のボード線図

そして共振周波数 4.94975 において,ゲインは最大値となることから,

$$20\log_{10}\left(\frac{1}{2\zeta\sqrt{1-\zeta^2}}\right) = 33.98 \tag{4.2.40}$$

(4.2.39), (4.2.40) を解いて,$\omega_n = 5.000$, $\zeta = 0.100$ となる.したがって,求める伝達関数は,

$$H(s) = \frac{250}{s^2 + s + 25} \tag{4.2.41}$$

この $H(s)$ に対して,$s = j\omega$ ($\omega = 1, 5, 10, 50$) を代入することによって,下の表を得る.

ω	1	5	10	50
$|H(j\omega)|$	10.408	50.000	3.304	0.101
$\angle H(j\omega)$	-0.041	-1.571	-3.009	-3.121

これより,図 4.36 から図 4.39 を得る.図 4.39 では,横軸の時間のスケールを変

図 4.36 $u = \sin(t)$

図 4.37 $u = \sin(5t)$

図 4.38 $u = \sin(10t)$

図 4.39 $u = \sin(50t)$

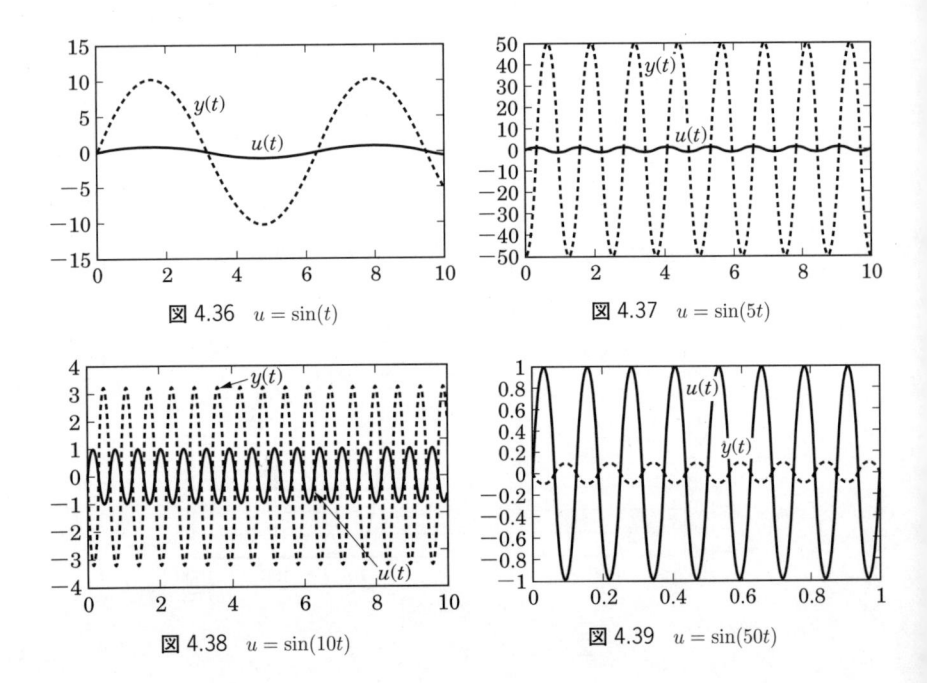

えていることに注意する．

第5章

安定性とロバスト安定性

5.1　システムの安定性

5.1.1　線形システムの安定性

制御対象であるプラントが次のような伝達関数で与えられるとする．

$$H(s) = \frac{B(s)}{A(s)} \tag{5.1.1}$$

ただし

$$A(s) = a_0 s^n + a_1 s^{n-1} + \cdots + a_n \tag{5.1.2}$$

$$B(s) = b_0 s^m + b_1 s^{m-1} + \cdots + b_m \tag{5.1.3}$$

$n \geq m$ のとき，与えられたシステムはプロパー (proper) という．(不等号のときは強プロパー (strongly proper) という)

このシステムに対し $\delta(t)$ を入力で加えるとき，出力 $y(t)$ が時間が経過するにつれ 0 に近づくとき，与えられたシステムを安定と定義しよう．

定義 1 (安定性)　　与えられたシステムは，入力 $\delta(t)$ に対するインパルス応答 $h(t)$ が

$$\lim_{t \to \infty} |h(t)| = 0 \tag{5.1.4}$$

なるとき，安定である．

プラント (5.1.1) が安定であるための必要十分条件は次の定理で与えられる．

定理 2　　$H(s)$ の分母多項式 $A(s)$ のすべての零点が負の実部をもつとき，与えられるシステムは安定である．あるいは $H(s)$ のすべての極が負の実部をもつとき安定であるともいえる．

この定理の証明は前部の時間応答の結果より明らかである．極を零点で与える多項式，あるいは有理多項式をシステムの特性方程式という特性方程式の零点がすべて負の実部をもつかどうかを調べることが安定性を解析することになる．安定性の解析法にはいろいろある．この章では特性方程式が多項式で与えられる場合の安定性の解析法を述べる．特性多項式を次のように書く．

$$f(s) = \alpha_0 s^n + \alpha_1 s^{n-1} + \cdots + \alpha_n \tag{5.1.5}$$

このときの安定解析法として，レオンハルド (Leonhard) あるいはミカエロフ (Mikhailov) の方法といわれるものがある．

定理 3　　(Leonhard,Mikhailov) 実数を係数とする特性多項式 $f(s) = 0$ の次数を n とする．$f(s) = 0$ のすべての根が複素左平面にあるための必要かつ十分条件は，$\omega = 0$ から $\omega = \infty$ まで ω を変化させたときの $f(j\omega)$ の軌跡が，n 象限を通ることである．

$\omega = 0$ から $\omega = \infty$ まで ω を変化させたときの $f(j\omega)$ の軌跡を Leonhard-Mikhailov 軌跡という．この定理は Leonhard-Mikhailov 軌跡が $n(\pi/2)$ だけの角変位をすることを示している．

(証明)　$f(s)$ の零点を z_i とするとき

$$f(s) = \prod_{i=1}^{n}(s - z_i) \tag{5.1.6}$$

5.1 システムの安定性

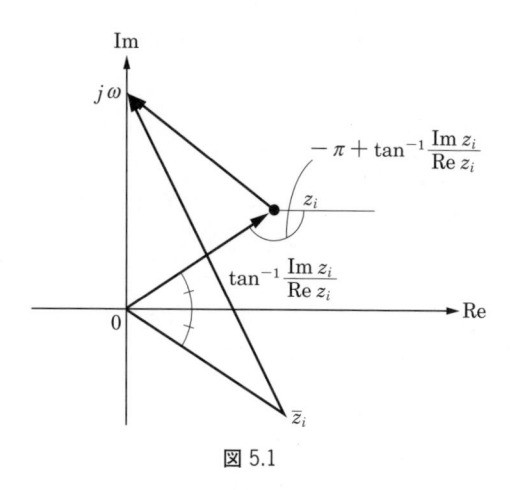

図5.1

右半平面に複素零点 z_i があれば，共役な零点 $\bar{z}_i$ があり，$s = j\omega$ を $\omega = 0$ から $\omega = \infty$ まで変化させるとき，$(j\omega - z_i) = |j\omega - z_i|e^{-j(\pi + \tan^{-1}\frac{\omega - \mathrm{Im}\,z_i}{\mathrm{Re}\,z_i})}$ であるから $(s - z_i)$ は図5.1で示すように，$-\pi + \tan^{-1}\dfrac{\mathrm{Im}\,z_i}{\mathrm{Re}\,z_i}$ から $-3\pi/2$ までの角変化をし，$(s - \bar{z}_i)$ は $-\pi - \tan^{-1}\dfrac{\mathrm{Im}\,z_i}{\mathrm{Re}\,z_i}$ から $-3\pi/2$ までの角変化をするので，これら共役な零点 $(z_i, \bar{z}_i)$ はあわせて $-\pi$ の角変化を生じる．また右半平面の実零点は $-\pi/2$ の角変化を生じる．一方で，左半平面の零点 z_i に関しては，$(j\omega - z_i) = |j\omega - z_i|e^{j\tan^{-1}\frac{\omega - \mathrm{Im}\,z_i}{-\mathrm{Re}\,z_i}}$ より $\omega = 0$ から ∞ まで変化させるとき，$\tan^{-1}\dfrac{\mathrm{Im}\,z_i}{-\mathrm{Re}\,z_i}$ から $\pi/2$ までの角変化をするから，上の議論と同様に右半平面の零点とは反対方向に同じだけの角変化を生じている．

右半平面にある零点の数を k，左半平面のそれを $n - k$ とするとき，全体で

$$(n-k)\frac{\pi}{2} - k\frac{\pi}{2} = (n-2k)\frac{\pi}{2} \tag{5.1.7}$$

の角変化をする．システムが安定であるための条件は $k = 0$ であるから $\omega = 0$ から，$\omega = \infty$ まで動かすとき $n(\pi/2)$ だけ $f(j\omega)$ が角変化するときにシステムが安定になる[*1]．

[*1] 虚軸上に零点が存在するときには，十分に小さい $\epsilon_0 > 0$ について，$s = -\epsilon_0 + j\omega$ とおいて，同様に考えればよい．

問題 5.1.1 次の特性多項式の Leonhard-Mikhailov 軌跡を描き，その安定性を述べよ．

(a) $f(s) = s^3 + s^2 + 3s + 4$
(b) $f(s) = s^3 + s^2 + 3s + 2$
(c) $f(s) = s^3 + 2s^2 + 3s + 4$
(d) $f(s) = s^4 + 2s^3 + 3s^2 + 4s + 5$

(5.1.5) の特性多項式をもっとよく見ると，その偶数項は実数部を，奇数項は虚数部を表すので次のように書ける．

$$f(s) = h(s^2) + sg(s^2)$$

$$(\alpha_0 > 0)$$

$$h(s^2) = \alpha_n + \alpha_{n-2} s^2 + \cdots$$
$$sg(s^2) = \alpha_{n-1} s + \alpha_{n-3} s^3 + \cdots$$
$$= s(\alpha_{n-1} + \alpha_{n-3} s^2 + \cdots)$$

$s = j\omega$ をとると $f(j\omega)$ は

$$f(j\omega) = h(-\omega^2) + j\omega \cdot g(-\omega^2)$$

と表せる．$f(j\omega)$ を ω が 0 から ∞ に変化させるとき $f(s)$ の零点がすべて左複素平面にあるなら n 象限を通る．これはまた，正の実軸，正の虚軸，負の実軸，負の虚軸の順で軸を横切ることを意味する．実軸上の値は $f(j\omega)$ の虚部 $\omega g(-\omega^2)$ が 0 のとき与えられるから $\omega = 0$ のとき，実軸を $h(0)$ で横切り，ついで $h(-\omega_1^2) = 0$ にする ω_1 で $\omega g(-\omega^2)$ なる値で虚軸を横切り，再び $\omega g(-\omega^2)$ を 0 にする ω_2 で $h(-\omega_2^2)$ なるところで実軸を横切る．このように軌跡が n 象限を通るように座標軸を横切る．この様子を図 5.2 に示す．このように $h(-\omega^2)$ と $\omega g(-\omega^2)$ の零点は ω が大きくなるにつれ，$h(-\omega^2)$ と $\omega g(-\omega^2)$ が交互に座標軸を横切るごとにある．これを Interlacing property という．また，これをまとめた定理にエルミート，ビエラー (Hermite-Bieler) の定理がある．

5.1 システムの安定性

定理 4 (Hermite-Bieler) $f(s) =: h(s^2) + sg(s^2)$ の零点がすべて複素左半面にあるための必要十分条件は $h(\lambda)$, $g(\lambda)$ が $\alpha_0/\alpha_1 > 0$ を満たし, これらの 0 はすべて異なる負の値で, 図 5.2 に示すように交互に 0 が与えられる Interlacing property を満たすことである. ただし, $\lambda = 0$ の次の 0 は $h(\lambda)$ の 0 である.

問題 5.1.1 の例をとって, ω を 0 から ∞ に変化したときのこのベクトル変化を図 5.3 に示す.

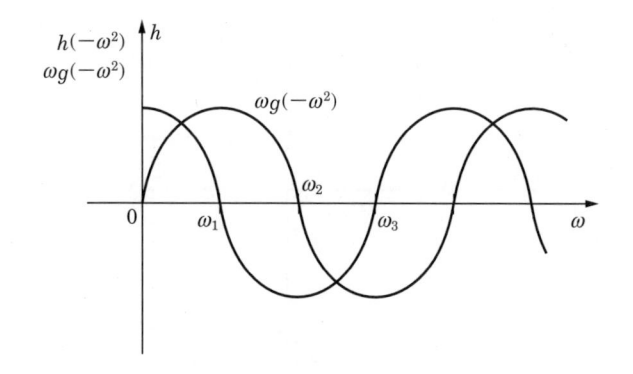

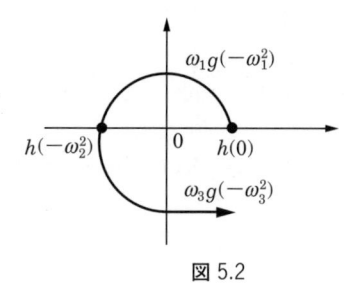

図 5.2

図 5.3(a) の ω が 0 から ∞ に変化したときの $f(j\omega)$ の軌跡の角度は, 0 から $-\pi/2$ であり, 次数は 3 であるから, 複素右半面にある 0 の個数 k は

$$(3 - 2k)\frac{\pi}{2} = -\frac{\pi}{2}$$

より $k = 2$ である. (b) は, 軌跡が $3\pi/2$ の角変化をしているから, 複素右半面の

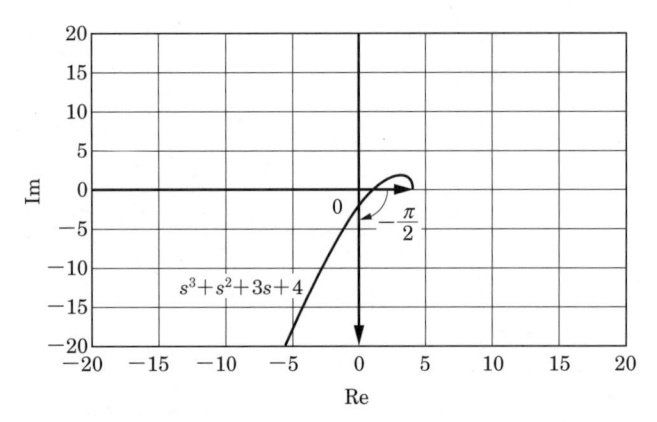

(a) s^3+s^2+3s+4 の Leonhard–Mikhailov の軌跡

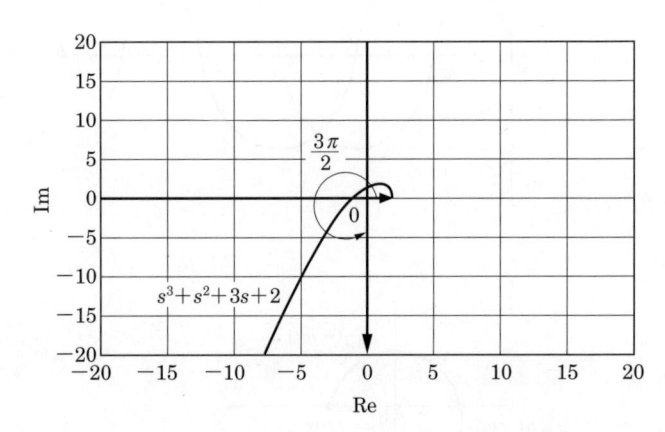

(b) s^3+s^2+3s+2 の Leonhard–Mikhailov の軌跡

0 の個数 $k=0$ である．(c) も同様に，複素右半面の 0 をもたない．(d) は (a) と同様に，複素右半面の 0 の個数を k とすると次数が $n=4$ であり，角変化は 0 であるから

$$(4-2k)\frac{\pi}{2}=0$$

k の値から右複素半面の 0 の個数は 2 である．

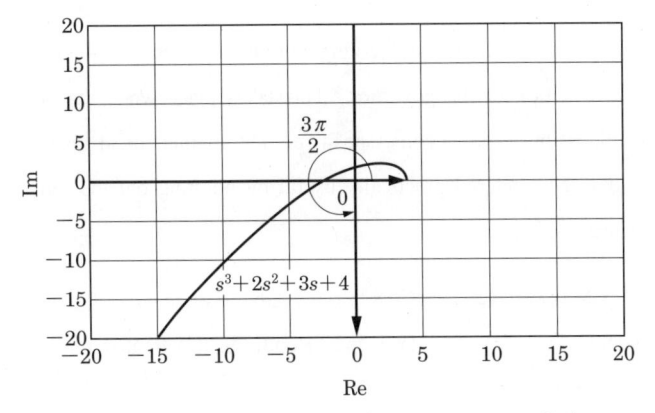

（c）s^3+2s^2+3s+4 の Leonhard–Mikhailov の軌跡

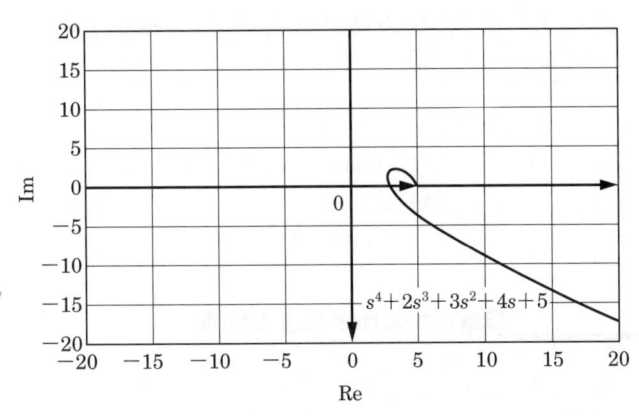

（d）$s^4+2s^3+3s^2+4s+5$ の Leonhard–Mikhailov の軌跡

図 5.3

5.2 Routh の定理

$$f(s) = \alpha_0 s^n + \alpha_1 s^{n-1} + \cdots + \alpha_n \tag{5.2.1}$$

で記述される多項式の0が右複素平面にあるとき線形システムが不安定になる事を Maxwell が示した．彼は論文では次のように述べている．[7]

...,becomes an oscillating and jerking motion, increasing in violence till it reaches the limit of action of the governor. This takes place when the possible part of one of impossible roots becomes positive. The mathematical investigation of the motion may be rendered practically useful by pointing out the remedy for these disturbances.[*2]

この問題は Maxwell によって 1875 年の Adams Prize の問題 "The criterion of dynamical stability" となった．1876 年に Routh は，"A treatise on the stability of a given state of motion" により，この多項式の，実部が負の 0 の個数を与える方法を示し，Adams 賞を得た．彼の方法により特性方程式からシステムが安定かどうかを簡単に調べられるようになったわけで制御理論への貢献は大きい．制御の教育にとっては重要な定理にも関わらずそれの証明を与える事は少なく，もっぱらどう使うかだけが本に書かれている場合が多い．ここではラウスの定理の証明を詳しく述べる．この定理の証明は Cauchy index と Strum sequence を使う．ここでは Gantmacher による方法を紹介する．

5.2.1　Gantmacher による証明

定理を説明する前に基本的な定理をいくつか述べる[7]．

定理（偏角の定理）　　$f(s)$ を $\mathbf{C}$ を閉じたジョルダン曲線の内部で解析的で $\mathbf{C}$ 上で連続であり，0 をもたない関数とする．$\mathbf{K}$ を

$$w = f(s) \tag{5.2.2}$$

で記述される複素平面 w 上の点の集合とする．$\Delta_C \arg f(s)$ を点 s が $\mathbf{C}$ の上を反時計方向に 1 回転するときの偏角 $\arg f(s)$ の角変化を表す．すると $\mathbf{C}$ 内部の $f(s)$ の零点の個数 p とは次の様な関係がある（図 5.4 を参照）．

$$p = \frac{1}{2\pi} \Delta_C \arg f(s) \tag{5.2.3}$$

[*2] 複素数を impossible number，実数を possible number といっているのが面白い．

5.2 Routh の定理

すなわち $\mathbf{K}$ は $w = 0$ の回りを p 回転する.

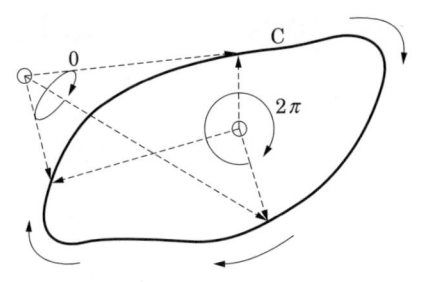

図 5.4 ジョルダン曲線と偏角

$f(s)$ を次のように偶数次数部と奇数次数部で表す.

$$f(s) = f_e(s) + f_o(s) \tag{5.2.4}$$
$$= \frac{f(s) + f(-s)}{2} + \frac{f(s) - f(-s)}{2} \tag{5.2.5}$$

これはまた,$f_e(j\omega)$ は $f(j\omega)$ の実部を,$f_o(j\omega)$ は虚部を表す.$s = j\omega$ とし,ω を 0 から ∞ まで変化させるとき,$f(s)$ の次数が n ならば,n 次象限反時計方向に回転するなら,複素左半面に n 個の零点をもつことが Leonhard-Mikhailov の定理から知られている.実部が正の 0 を k 個もつ場合,複素左半平面には $n - k$ 個の 0 があるから,次の関係式が成立する[*3].

$$\Delta_{-\infty}^{+\infty}\arg f(j\omega) = (n - k)\pi - k\pi$$
$$= (n - 2k)\pi \tag{5.2.6}$$

ついで,

$$f_1(\omega) = \alpha_0\omega^n - \alpha_2\omega^{n-2} + \cdots + \cdots \tag{5.2.7}$$
$$\stackrel{d}{=} a_0\omega^n - a_1\omega^{n-2} + \cdots + \cdots \tag{5.2.8}$$
$$f_2(\omega) = \alpha_1\omega^{n-1} - \alpha_3\omega^{n-3} + \cdots + \cdots \tag{5.2.9}$$

[*3] (5.2.3) では,閉曲線のために角変化は 2π であるが,ここでは閉曲線となっていない.$s = j\omega$ について,$\omega = -\infty$ から $\omega = +\infty$ に変化する無限直線なので,角変化は π となる.

$$\stackrel{d}{=} b_0\omega^{n-1} - b_1\omega^{n-3} + \cdots + \cdots \tag{5.2.10}$$

と定義する．$f_1(j\omega)$, $f_2(j\omega)$ は必ず単根をもつことに注目してほしい．

n が偶数ならば，

$$f_e(j\omega) = (-1)^{\frac{n}{2}} f_1(\omega) \tag{5.2.11}$$

$$f_o(j\omega) = (-1)^{\frac{n}{2}-1} f_2(\omega) \tag{5.2.12}$$

奇数ならば，

$$f_e(j\omega) = (-1)^{\frac{n-1}{2}} f_2(\omega) \tag{5.2.13}$$

$$f_o(j\omega) = (-1)^{\frac{n-1}{2}} f_1(\omega) \tag{5.2.14}$$

これらの関係を使うと[*4]，次数の大きな方を分母とし

$$\frac{1}{\pi}\Delta_{-\infty}^{+\infty}\arg f(j\omega) = \begin{cases} I_{-\infty}^{+\infty}\frac{f_e(j\omega)}{f_o(j\omega)} & n = \text{奇数} \\ I_{-\infty}^{+\infty} - \frac{f_o(j\omega)}{f_e(j\omega)} & n = \text{偶数} \end{cases}. \tag{5.2.15}$$

すなわち

$$\frac{1}{\pi}\Delta_{-\infty}^{+\infty}\arg f(j\omega) = I_{-\infty}^{+\infty}\frac{f_2(\omega)}{f_1(\omega)} \tag{5.2.16}$$

$$= n - 2k \tag{5.2.17}$$

が成り立つ．ただし $I_a^b f_2(\omega)/f_1(\omega)$ は Cauchy Index であり，$f_2(\omega)/f_1(\omega)$ の値が，$a < \omega < b$ なる ω で $-\infty$ から $+\infty$ に変化する回数から $+\infty$ から $-\infty$ に変化する回数を引いたものである．

n を奇数とするとき，

$$I_{-\infty}^{+\infty}\frac{f_e(j\omega)}{f_0(j\omega)} = n - 2k$$

が成り立つことを示す．$f_o(j\omega)$ が 0 になるのは $f(j\omega)$ の軌跡が実軸と交わるときであるから，正の実軸 ($f_e(j\omega) > 0$) と $f_o(j\omega)$ が下から上への軌跡で交わるとき

[*4] ここでは 5) で与えられた証明法を補足しながら述べているが，その本の中でミスプリがあったために筆者は何度かこの本での証明を理解できなかった．6) では正しく書かれている．

5.2 Routh の定理

$f_e(j\omega)/f_o(j\omega)$ は $-\infty$ から $+\infty$ に変化する．負の実軸 ($f_e(j\omega) < 0$) と $f_o(j\omega)$ が上から下にの軌跡で交わるとき，$f_e(j\omega)/f_o(j\omega)$ はまた同じように $-\infty$ から $+\infty$ に変化する．$f(s)$ が右複素平面に零点をもたないなら，

$$I_0^{+\infty} \frac{f_e(j\omega)}{f_o(j\omega)} = \frac{n+1}{2} \tag{5.2.18}$$

$$I_{-\infty}^{+\infty} \frac{f_e(j\omega)}{f_o(j\omega)} = n \tag{5.2.19}$$

であることがわかる．一方，$f(s)$ が右複素平面に k 個の零点をもつなら，

$$\Delta_{-\infty}^{+\infty} \arg f(j\omega) = (n - 2k)\pi$$

であるから，原点まわりを $(n-2k)\pi$ しか回らない．これは，$f_e(j\omega) > 0$ で $f_o(j\omega)$ が実軸と下から上へ交わる，あるは $f_e(j\omega) < 0$ で $f_o(j\omega)$ が上から下に実軸と交わるとき，$f_e(j\omega)/f_o(j\omega)$ は $-\infty$ から ∞ に変化するがこの回数は $n-k$ であり，$f_e(j\omega) > 0$ で $f_o(j\omega)$ が実軸に上から下に交わる，あるいは，$f_e(j\omega) < 0$ で $f_o(j\omega)$ が実軸に下から上に交わるとき，$+\infty$ から $-\infty$ に変化する回数が k あるので，

$$I_{-\infty}^{+\infty} \frac{f_e(j\omega)}{f_o(j\omega)} = (n-k) - k = n - 2k \tag{5.2.20}$$

が成り立つ．n が偶数の場合にも同様な議論が成り立つ．

ついで，次の Strum の定理を述べる．

定理（Strum の定理） $f_1(\omega), f_2(\omega), f_3(\omega), \cdots, f_m(\omega)$ が区間 (a, b) で
(1) $a < \omega_0 < b$ なる ω_0 で，$f_k(\omega_0) = 0$ なるとき，$f_{k-1}(\omega_0)$ と $f_{k+1}(\omega_0)$ は 0 でなく，相異なる符号をもつとする．
(2) $f_m(\omega)$ は，$a < \omega < b$ なる ω で 0 でない一定の値をとるとする．

なる Strum Sequence とする．このとき，$V(\omega_0)$ を $f_1(\omega_0), f_2(\omega_0), f_3(\omega_0), \cdots, f_m(\omega_0)$ なる Sequence で 0 の値をもつ要素を取り除いた後の符号の変化の回数とすると

$$I_a^b \frac{f_2(\omega)}{f_1(\omega)} = V(a) - V(b) \tag{5.2.21}$$

が成立する．この理由は，$f_k(\omega_0) = 0, k > 1$ のとき ω_0 の前後で，Sequence の符号の変化の回数は変わらず，$k = 1$ のとき，ω が ω_0 より小さい値から大きくなるとき $f_1(\omega)$ の符号の変化により，Sequence の符号の変化の回数は 1 だけ減る．このような変化は $f_1(\omega)$ の符号の変化がないと起こらないので上の等式が成立する．上で述べた Strum Sequence は Euclid の互除法で次のようにつくることができる[*5]．

$$f_3(\omega) = \frac{a_0}{b_0}\omega f_2(\omega) - f_1(\omega)$$
$$\stackrel{d}{=} c_0\omega^{n-2} - c_1\omega^{n-4} + \cdots$$
$$f_4(\omega) = \frac{b_0}{c_0}\omega f_3(\omega) - f_2(\omega)$$
$$\stackrel{d}{=} d_0\omega^{n-3} - d_1\omega^{n-5} + \cdots$$
$$\vdots = \vdots$$

ただし
$$c_0 = a_1 - \frac{a_0}{b_0}b_1 = \frac{b_0 a_1 - a_0 b_1}{b_0}, \; c_1 = a_2 - \frac{a_0}{b_0}b_2 = \frac{b_0 a_2 - a_0 b_2}{b_0}, \ldots$$
$$d_0 = b_1 - \frac{b_0}{c_0}c_1 = \frac{c_0 b_1 - b_0 c_1}{c_0}, \; d_1 = b_2 - \frac{b_0}{c_0}c_2 = \frac{c_0 b_2 - b_0 c_2}{c_0}, \ldots$$

$f_1(\omega), f_2(\omega)$ が異なる零点をもつことは，前に述べたように，$f(j\omega)$ を複素平面上に描くと容易にわかる．これから $f_2(\omega_2) = 0$ なる $\omega = \omega_2$ で

$$-f_1(\omega_2) = f_3(\omega_2) \neq 0$$

である．これから

$$f_3(\omega_3) = 0$$

なる $\omega = \omega_3$ で

$$\frac{a_0}{b_0}\omega_3 f_2(\omega_3) - f_1(\omega_3) = 0$$

であり，$f_1(\omega_3)$ と $f_2(\omega_3)$ が同時に 0 にならないから

$$-f_2(\omega_3) = f_4(\omega_3) \neq 0$$

[*5] Strum Sequence となることは，たとえば，$f_2 = 0$ なら $f_3 = -f_1$ となるので相異なる符号をもつこと，Euclid の互除法により，f_n は定数となることなどからわかる．

5.2 Routh の定理

この手順をくり返して $f_1(\omega), f_2(\omega), \cdots$ は Strum Sequence をつくっていることがわかる. 次のような Routh Table をつくる.

$$\begin{array}{|l} a_0, a_1, a_2, \cdots \\ b_0, b_1, b_2, \cdots \\ \hline c_0, c_1, c_2, \cdots \\ \vdots\ \vdots\ \vdots\ \vdots \end{array}$$

Strum の定理を用いると次の式が成立する.

$$V(-\infty) - V(+\infty) = n - 2k \tag{5.2.22}$$

一方

$$V(+\infty) = (a_0, b_0, c_0, \cdots) \text{ の符号の変化の回数}$$

$$V(-\infty) = (a_0, -b_0, c_0, -d_0, \cdots) \text{ の符号の変化の回数}$$

であるから

$$V(-\infty) = n - V(+\infty) \tag{5.2.23}$$

を得る. (5.2.23) を (5.2.22) に代入すると, 複素右半平面の零点の個数 k は

$$k = (a_0, b_0, c_0, d_0 \cdots) \text{ の符号の変化の回数} \tag{5.2.24}$$

すなわち, $a_0, b_0, c_0, d_0 \cdots$ の符号が変化しなければ, 複素右半面には 0 を持たない事がわかる.

問題 5.2.1 問題 5.1.1 で与えた特性多項式の安定性を Routh 表を用いて調べよ.

(1)

$$s^3 + s^2 + 3s + 4 \quad \begin{array}{|cc} 1 & 3 \\ 1 & 4 \\ \hline 3 - \frac{1\cdot 4}{1} & \\ 4 & \end{array}$$

不安定零点が 2 個ある．

(2)

$$s^3 + s^2 + 3s + 2 \quad \begin{array}{|cc} 1 & 3 \\ 1 & 2 \\ \hline 3 - \frac{1 \cdot 2}{1} & \\ 2 & \end{array}$$

安定

(3)

$$s^3 + 2s^2 + 3s + 4 \quad \begin{array}{|cc} 1 & 3 \\ 2 & 4 \\ \hline 3 - \frac{1 \cdot 4}{2} & \\ 4 & \end{array}$$

安定

(4)

$$s^4 + 2s^3 + 3s^2 + 4s + 5 \quad \begin{array}{|ccc} 1 & 3 & 5 \\ 2 & 4 & \\ \hline 3 - \frac{1 \cdot 4}{2} & 5 & \\ -6 & & \\ 5 & & \end{array}$$

不安定零点が 2 個ある．

問題 5.2.2 次の多項式が安定であるかどうかを調べよ．

$$f(s) = s^4 + 2s^3 + 3s^2 + 4s + 1$$

5.2 Routh の定理

(解答)

$$\begin{array}{|l} 1\ 3\ 1 \\ \hline 2\ 4 \\ \hline 1\ 1 \\ \hline 2 \\ \hline 1 \end{array}$$

問題 5.2.3 次の多項式が Hurwitz であるパラメータの範囲を求めよ．

$$f_1(s) = s^4 + 2s^3 + 3s^2 + 4s + a$$
$$f_2(s) = s^4 + 2s^3 + 3s^2 + cs + 1$$

(解答)

$$\begin{array}{|ll} 1 & 3\ a \\ \hline 2 & 4 \\ \hline 1 & a \\ \hline 4-2a \\ \hline a \end{array}$$

$$2 > a > 0$$

のとき安定

$$\begin{array}{|ll} 1 & 3\ 1 \\ \hline 2 & c \\ \hline 3-\frac{c}{2} & 1 \\ \hline c - \frac{2}{3-\frac{c}{2}} \\ \hline 1 \end{array}$$

$$3 - \sqrt{5} < c < 3 + \sqrt{5}$$

のとき安定．

5.2.2 Mansour による証明

Routh の定理の最も簡単なものは Mansour によって与えられている．これは Hermite-Bieler の定理を用いるもので，次のように与えられる．

定理 (Mansour) $f(s)$ が左複素半面にすべての零点をもつための必要十分条件は偶数次のシステムでは $h(s^2) - \frac{\alpha_0}{\alpha_1} s^2 g(s^2) + sg(s^2)$ のすべての零点が左複素半面にあることである．

(証明) $f(s^2) = h(s^2) + sg(s^2)$ を Hurwitz とする．すなわち，$\alpha_0, \alpha_1, \cdots, \alpha_n > 0$，$h(\lambda)$ と $g(\lambda)$ は Interlacing Property をもつとする．n が偶数なら $h_1(s) = h(s^2) - \frac{a_0}{b_0} s^2 g(s^2)$ と $h(s^2)$ は $g(s^2)$ の零点で同じ符号をもち，$c_0 = a - \frac{a_0 b_1}{b_0} > 0$ である．それゆえ $h(s^2) - \frac{a_0}{b_0} s^2 g(s^2) + sg(s^2)$ は Hermite-Bieler の定理 4 から Hurwitz である．この逆もあきらかである．$h_1(s) + sg(s) - sh_1(s) \cdot \frac{b_0}{c_0}$ の安定性の証明をくり返して Routh の定理が証明できる．n が奇数の場合にも同様な議論ができる．

5.3 ロバスト安定性

一つの特性方程式が安定であるだけでなく，与えられたクラスの特性方程式のすべての安定性はロバスト安定といわれる．ここでは，その代表的なカリトノフの定理を述べる．

5.3.1 カリトノフの安定理論

この章では，特性方程式パラメータに独立な不確定性のある場合の安定性の解析の方法を与える．特性方程式パラメータに不確定性のない場合 Routh-Hurwitz の定理から特性方程式

$$f(s) = \alpha_n + \alpha_{n-1} s^1 + \cdots + \alpha_1 s^{n-1} + \alpha_0 s^n = 0 \tag{5.3.1}$$

5.3 ロバスト安定性

の0が複素左半面にある条件が与えられる．しかし，特性方程式パラメータに不確定性が次のように与えられる場合

$$\alpha_i \in [\underline{\alpha}_i, \overline{\alpha}_i]$$

考える特性方程式は一つではなくある与えられたクラスのシステムの特性方程式である．このようにあるクラスのシステムの安定性は，ロバスト安定性といわれる．上のようなパラメータの不確定性が独立な場合，Kharitonov は次数に関係なく次の4個の特性方程式が安定ならば，パラメータが上のように与えられるクラスの特性方程式が安定であることを示した．

$$f_1(s) = f_e^{max}(s) + f_o^{min}(s) \quad (\text{実部最大，虚部最小}) \tag{5.3.2}$$

$$f_2(s) = f_e^{max}(s) + f_o^{max}(s) \quad (\text{実部最大，虚部最大}) \tag{5.3.3}$$

$$f_3(s) = f_e^{min}(s) + f_o^{max}(s) \quad (\text{実部最小，虚部最大}) \tag{5.3.4}$$

$$f_4(s) = f_e^{min}(s) + f_o^{min}(s) \quad (\text{実部最小，虚部最小}) \tag{5.3.5}$$

$$f_e^{max}(j\omega) = \overline{\alpha}_n - \underline{\alpha}_{n-2}\omega^2 + \overline{\alpha}_{n-4}\omega^4 - \cdots \tag{5.3.6}$$

$$f_e^{min}(j\omega) = \underline{\alpha}_n - \overline{\alpha}_{n-2}\omega^2 + \underline{\alpha}_{n-4}\omega^4 - \cdots \tag{5.3.7}$$

$$f_o^{max}(j\omega) = \overline{\alpha}_{n-1}j\omega - \underline{\alpha}_{n-2}j\omega^3 + \overline{\alpha}_{n-5}j\omega^5 - \cdots \tag{5.3.8}$$

$$f_o^{min}(j\omega) = \underline{\alpha}_{n-1}j\omega - \overline{\alpha}_{n-2}j\omega^3 + \underline{\alpha}_{n-5}j\omega^5 - \cdots \tag{5.3.9}$$

この証明はいろいろあるが，4つの特性方程式の根が安定であることと，$f_e(j\omega)$, $f_o(j\omega)$ の零点が互いに隔離することの等価性からわかる．

（証明） 証明はいろいろあるが，Leonhard-Mikhailov の安定条件を用いるものが最も簡単であることが知られている．これは $f(j\omega)$ を ω を $0 \to \infty$ と変化させるとき，n 次元のシステムの場合 n 象限回転すれば安定であることを用いる．

$$f_e(s) = \frac{1}{2}(f(s) + f(-s)) \tag{5.3.10}$$

$$f_o(s) = \frac{1}{2}(f(s) - f(-s)) \tag{5.3.11}$$

とするとき，$f(j\omega)$ の実部は，$f_e(j\omega)$，虚部は，$f_o(j\omega)$ とすると，$f_1(j\omega), f_2(j\omega)$, $f_3(j\omega), f_4(j\omega)$ を端点とする四辺型とすると，これが n 次元のシステムの場合 n 象限回転すれば安定であるので，この四辺型の中に原点が入らなければよい．このためには $f_1(s), f_2(s), f_3(s), f_4(s)$ が安定であればよい．

例として，図 5.5 に次の 4 多項式からなる四角形の軌跡を示す．

$$f_1(s) = s^6 + 3.95s^5 + 4.05s^4 + 5.95s^3 + 3.05s^2 + 1.95s + 0.55 \quad (5.3.12)$$

$$f_2(s) = s^6 + 4.05s^5 + 4.05s^4 + 6.05s^3 + 3.05s^2 + 2.05s + 0.55 \quad (5.3.13)$$

$$f_3(s) = s^6 + 4.05s^5 + 3.95s^4 + 6.05s^3 + 2.95s^2 + 2.05s + 0.45 \quad (5.3.14)$$

$$f_4(s) = s^6 + 3.95s^5 + 3.95s^4 + 5.95s^3 + 2.95s^2 + 1.95s + 0.45 \quad (5.3.15)$$

$f_1(j\omega), f_2(j\omega), f_3(j\omega), f_4(j\omega)$ はそれぞれ，右下，右上，左上，左下の頂点に相当する．これらはすべて安定であるので，各象限を 1 から 5 まで[*6]順番に移動している．

$$f(s) = s^6 + [3.95, 4.05]s^5 + [3.95, 4.05]s^4 + [4.95, 5.95]s^3$$
$$+ [2.95, 3.05]s^2 + [1.95, 2.05]s + [0.45, 0.55] \quad (5.3.16)$$

について，$f(j\omega)$ の存在する領域は，対応する長方形の内部（境界を含む）であるから，頂点の $f_1(j\omega), f_2(j\omega), f_3(j\omega), f_4(j\omega)$ が安定であれば，$f(j\omega)$ も安定であることが理解できる．

問題 5.3.1　次の多項式のロバスト安定性を調べよ．

$$[1, 1.5]s^3 + [1, 2]s^2 + [3.5, 4]s + [1, 2] = 0 \quad (5.3.17)$$

（解答）

$$f_1(s) = 2 + 3.5s + s^2 + 1.5s^3$$
$$f_2(s) = 2 + 4s + s^2 + s^3$$

[*6] 5 次多項式なので，第 5 象限（反時計方向に 1 周回ったあとの第 1 象限）．

5.3 ロバスト安定性

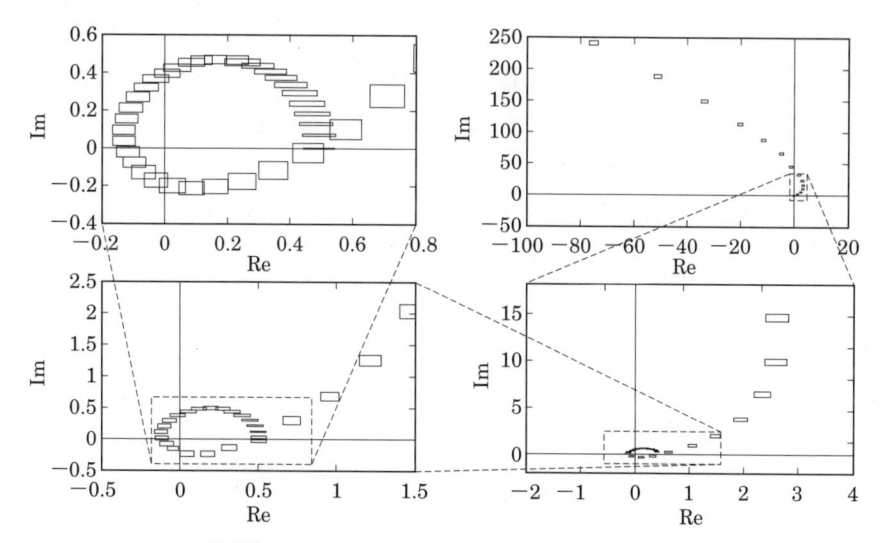

図 5.5 Kharitonov の定理(Leonhard-Mikhailov の軌跡)

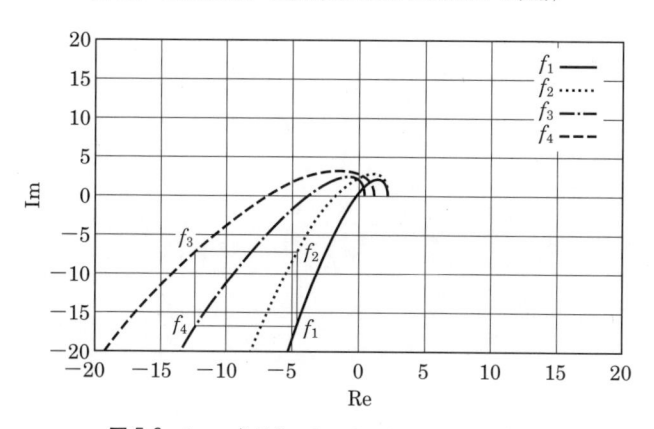

図 5.6 4つの多項式の Leonhard-Mikhailov の軌跡

$$f_3(s) = 1 + 4s + 2s^2 + s^3$$

$$f_4(s) = 1 + 3.5s + 2s^2 + 1.5s^3$$

上の多項式はすべて安定であるから，与えられた多項式はロバスト安定である（図 5.6）．

問題 5.3.2　　5次以下の低次の場合は，Kharitonov の定理はもっと簡単になる．まず，1,2次なら Routh の定理から，係数が正であることが安定であることの必要十分条件である．それでは，3，4，5次の場合には，

- 3次なら，$f_1(s)$ が安定
- 4次なら，$f_1(s), f_2(s)$ が安定
- 5次なら，$f_1(s), f_2(s), f_3(s)$ が安定

が必要十分条件であることを直感的に説明せよ．（ヒント：頂点多項式 $f_i(s)$ が安定である場合の，4つの Leonhard 軌跡をそれぞれの次数の場合について描いてみよ）．

第6章

フィードバック制御系

6.1　閉ループ系の安定性

これまでは制御対象であるプラントの特性を解析してきたが，本章では，プラントの挙動を望ましいものにするために，プラントの現在の状態に応じて入力を調整する"フィードバック"に関して述べる．

6.1.1　制御系をなぜフィードバックで実現するか？

制御の目的は"プラントの出力を目標値に合うように操作を行う"ことである．このためには，まず制御系を安定にしなければならないし，プラントに加わる外乱やノイズの影響も小さくなくてはいけない．そして，目標値に対する応答が遅くてもいけない．すなわち，制御系の仕様は，

(1) 閉ループ系の安定性を保証する．
(2) 外乱，プラントの変化の影響が小さい．
(3) 望ましい応答特性をもつ．

となる．この仕様を数式で表してみよう．

プラントの伝達関数を $P(s)$，制御装置の伝達関数を $C(s)$ で表し，プラントの出力の目標値を $r(t)$，入力への外乱を $d(t)$，測定ノイズを $n(t)$，目標値とプラントの出力 $y(t)$ との誤差を $e(t)$ とすると，制御系は図 6.1 に示すブロック線図になる．ここで，目標値 $r(t)$ は既知，外乱 $d(t)$ と測定ノイズ $n(t)$ は未知であること

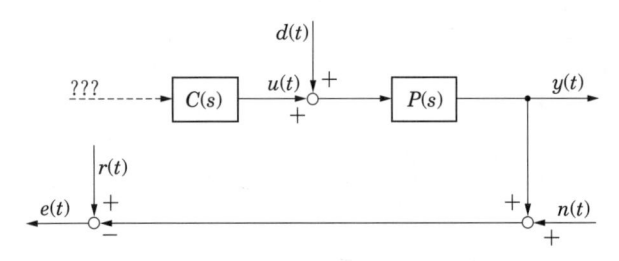

図 6.1　制御系のブロック線図

に注意しよう．すると先にあげた仕様は，このブロック線図において次のようにいいかえることができる[*1]．

制御系の設計仕様

(1) 閉ループ系の安定性を保証する．
　　⇒ r,d,n から y への伝達関数が安定
(2) 外乱，プラントの変化の影響が小さい．
　　⇒ d,n から e への伝達関数の"大きさ"が小さい
(3) 望ましい応答特性をもつ．
　　⇒ r から y への伝達関数が"望ましい"ものである

さて，プラントの出力 $y(t)$ を目標値 $r(t)$ に合わせたいのだから，これらの誤差 $e(t)$ を用いて制御装置 $C(s)$ の出力を調整することが考えられる．これがフィードバックであり，そのブロック線図は，図 6.2 に表すことができる[*2]．

図 6.2 において，制御装置への入力から $r(t)$ と $-y(t)$ の加え合わせの点までの伝達関数の積

$$L(s) = C(s)P(s) \tag{6.1.1}$$

[*1] プラントの変化は n の影響として捉えることができる．
[*2] 図 6.2 はいわゆる 1 自由度制御系である．本書では扱わないが，2 自由度制御系を用いれば，外乱の影響と応答特性を同時に調節できる．

6.1 閉ループ系の安定性

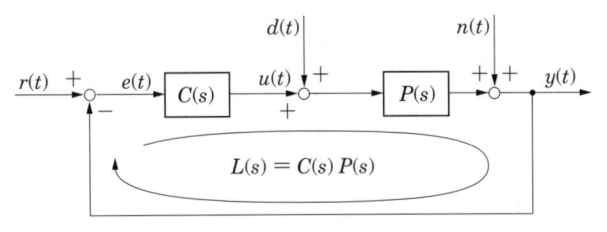

図 6.2 フィードバック系と一巡伝達関数

を特に，一巡伝達関数とよぶ．それでは，フィードバック系がこれらの条件を満たす好ましい応答を与えられることを示そう．

プラントの出力 y は，目標値 r，外乱 d，測定ノイズ n によって，簡単な計算のあとに，

$$T(s) = \frac{P(s)C(s)}{1+C(s)P(s)} \tag{6.1.2}$$

$$S(s) = \frac{1}{1+C(s)P(s)} \tag{6.1.3}$$

$$H(s) = \frac{P(s)}{1+C(s)P(s)} \tag{6.1.4}$$

$$Y(s) = T(s)\,R(s) + S(s)\,N(s) + H(s)\,D(s) \tag{6.1.5}$$

のように表すことができる．したがって，仕様の1番目 "r,d,n から y への伝達関数が安定" を満たすためには，$r(t),d(t),n(t)$ から $y(t)$ へのそれぞれの伝達関数 $T(s), S(s), H(s)$ が安定となればよい．すなわち，r,d,n から y への伝達関数を安定にするためには，$T(s), S(s), H(s)$ の分母 $1+L(s)$ の零点[*3]が左半平面にあるように制御装置 $C(s)$ を設計すればよいことになる．この $1+L(s)$ が閉ループ系の特性方程式である．

ここでフィードバックの有効性を確かめるために少し回り道をする．プラント $P(s)$ の出力 $y(t)$ を用いたフィードバックをせずに，図 6.3 のように，別の制御装置 $Q(s)$ によって直列補償することを考えよう．

[*3] $1+L(s)$ は有理関数であるが，多項式の場合と同様に $1+L(s)=0$ となる s を零点と考えればよい．

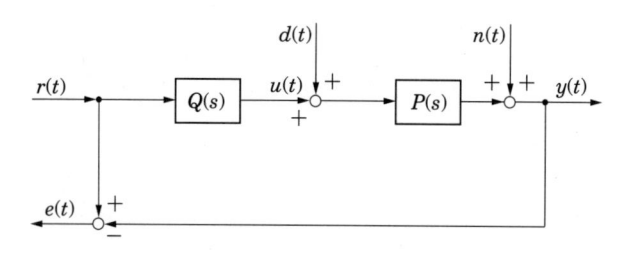

図 6.3 直列補償（$y(t)$ のフィードバックなし）

この場合の $r(t), d(t), n(t)$ から $y(t)$ の関係は，次のようになる．

$$Y(s) = P(s)Q(s)R(s) + N(s) + P(s)D(s) \tag{6.1.6}$$

この式と，(6.1.2), (6.1.5) を比較すると，直列補償 $Q(s)$ を

$$Q(s) = \frac{C(s)}{1 + P(s)C(s)} \tag{6.1.7}$$

とおくことによって，$r(t)$ から $y(t)$ への伝達関数は

$$\frac{P(s)C(s)}{1 + P(s)C(s)} \tag{6.1.8}$$

となるので，(6.1.2) 式の $T(s)$ と等しくなり，フィードバックと同じ出力になるはずである．それではなぜこのような直列補償をせずに，フィードバック補償をするのであろうか？ その最大の理由は，(6.1.6) からわかるように，直列補償の場合は $D(s)$ から $Y(s)$ への伝達関数が $P(s)$ であるので，$P(s)$ が不安定な場合には出力 $y(t)$ が発散してしまうからである．たとえ $d(t) = 0$ でも，次の例に示すようにプラントの内部初期状態が 0 でなければ，出力は発散する[*4]．

（例） プラントを

$$\dot{x}_p(t) = x_p(t) + u(t), \quad x_p(0) \neq 0 \tag{6.1.9}$$

$$y_p(t) = x_p(t) \tag{6.1.10}$$

とすると，ラプラス変換によって

[*4] $P(s)$ が不安定なら，$Q(s)$ によって不安定な極零相殺が発生している．

6.1 閉ループ系の安定性

$$Y(s) = P(s)(U(s) + x_p(0)), \qquad P(s) = \frac{1}{s-1} \qquad (6.1.11)$$

となる．

$C(s) = 2$ によるフィードバック制御

$$U(s) = C(s)(R(s) - Y(s)) \qquad (6.1.12)$$
$$= 2(R(s) - Y(s)) \qquad (6.1.13)$$

を行った場合には，出力 $y(t)$ は

$$Y(s) = \frac{2}{s+1}R(s) + \frac{1}{s+1}x_p(0) \qquad (6.1.14)$$

となるので安定であるが，

$$Q(s) = \frac{C(s)}{1+P(s)C(s)} = \frac{2(s-1)}{s+1}$$

によるフィードフォワード制御

$$U(s) = Q(s)R(s) \qquad (6.1.15)$$
$$= \frac{2(s-1)}{s+1}R(s) \qquad (6.1.16)$$

を行った場合には，(6.1.11) について

$$Y(s) = P(s)(Q(s)R(s) + x_p(0)) \qquad (6.1.17)$$
$$= \frac{1}{s-1} \cdot \frac{2(s-1)}{s+1}R(s) + \frac{1}{s-1}x_p(0) \qquad (6.1.18)$$
$$= \frac{2}{s+1}R(s) + \frac{1}{s-1}x_p(0) \qquad (6.1.19)$$

となって，出力 $y(t)$ は第2項目の影響で発散する．このフィードフォワード制御では $P(s)$ の分母の不安定多項式 $s-1$ を $Q(s)$ の分子の不安定多項式 $s-1$ で打ち消しているためであり，不安定な極零相殺が生じている．このように不安定な極零相殺があると，初期状態により出力は容易に発散する．

それでは，$P(s)$ が安定な場合はフィードバックではなく直列補償でよいのだ

ろうか？このことについて考察するために，今度は2番目の仕様"外乱，プラントの変化の影響が小さい"について，考えてみることにしよう．

まず，通常はプラントの動特性は正確にはわかっていない．そこでプラント $P(s)$ を，ノミナルプラント $P_0(s)$（既知）と変動 $\delta P(s)$（未知）に分けて，

$$P(s) = P_0(s) + \delta P(s) \tag{6.1.20}$$

のように表すことにしよう．このプラントを，ノミナルプラント $P_0(s)$ に対して設計したフィードバック制御器 $C(s)$ を用いた場合と，同じようにノミナルプラント $P_0(s)$ に対して設計した

$$Q_0(s) = \frac{C(s)}{1 + C(s)P_0(s)} \tag{6.1.21}$$

によるフィードフォワード制御を行ったものを考えてみよう．

プラントの具体的な伝達関数を

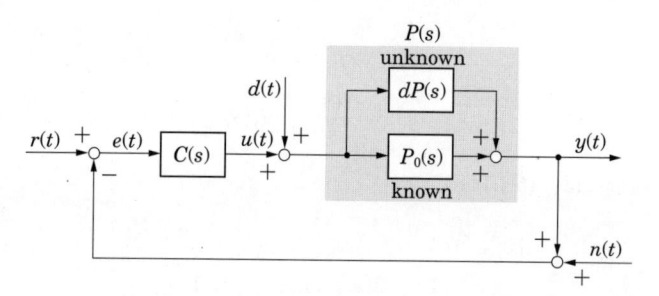

図 6.4 変動をもつプラントに対するフィードバック制御

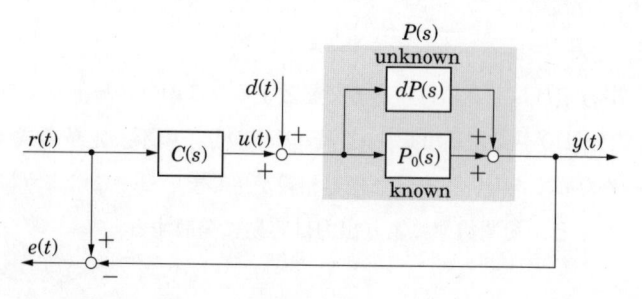

図 6.5 変動をもつプラントに対するフィードフォワード制御

6.1 閉ループ系の安定性

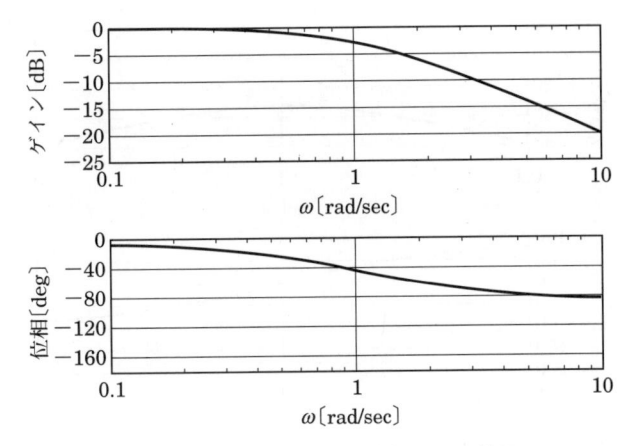

図 6.6 ノミナルプラント $P_0(s)$ のボード線図

$$P_0(s) = \frac{1}{s+1}$$
$$\delta P(s) = \frac{0.1\,s}{(s+1)^2}$$
$$P(s) = P(s) + \delta P(s) = \frac{1.1\,s + 1}{(s+1)^2}$$

とおくことにする．くり返すが $\delta P(s)$ は未知である．これらの Bode 線図を図 6.6 から図 6.8 に示すが，容易にみてとれるように，$\delta P(s)$ は小さい変動なので，$P_0(s)$ と $P(s)$ は，ほとんど同じ特性をもつ．

制御装置は次のようにサーボ系にすることにする．

$$C(s) = \frac{1}{s} \tag{6.1.22}$$

ノミナルプラント $P_0(s)$ に基づく設計仕様（$\delta P(s)$ を無視した設計）でのステップ応答 $y_0(t)$ は

$$\begin{aligned}
Y_0(s) &= T(s)|_{P=P_0} R(s) \\
&= \frac{C(s)P_0(s)}{1 + C(s)P_0(s)} \cdot R(s) \\
&= \frac{\frac{1}{s(s+1)}}{1 + \frac{1}{s(s+1)}} \cdot R(s)
\end{aligned}$$

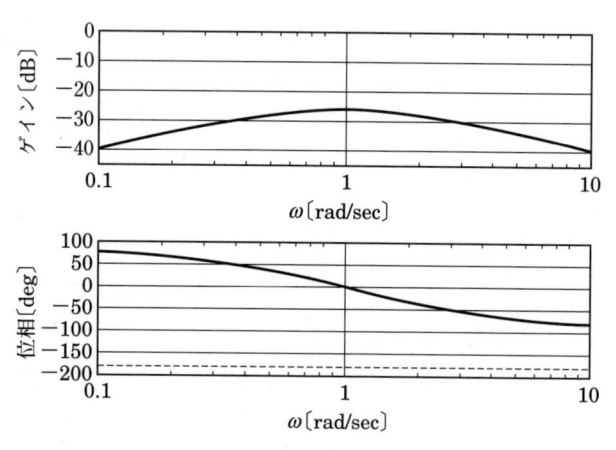

図 6.7 プラントの変動 $\delta P(s)$ のボード線図

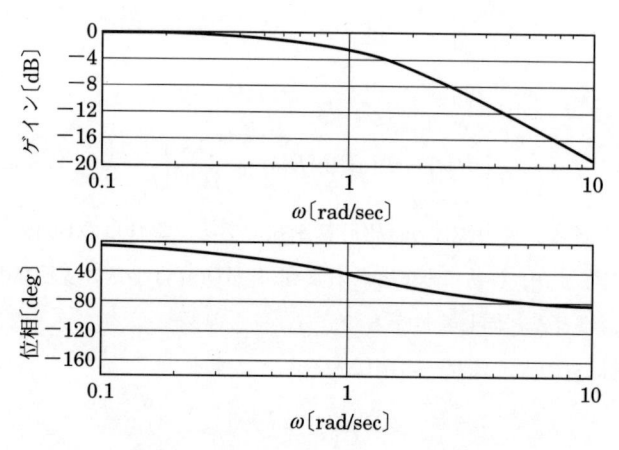

図 6.8 実際のプラント $P(s)$ のボード線図

$$= \frac{1}{s^2 + s + 1} \cdot R(s)$$

となる.この伝達関数 $T(s)|_{P=P_0}$ の Bode 線図を図 6.9 に示す.しかるにプラントが変化する場合,フィードバック系(図 6.4)のステップ応答 $y(t)$ は

$$Y(s) = T(s) \cdot R(s)$$

6.1 閉ループ系の安定性

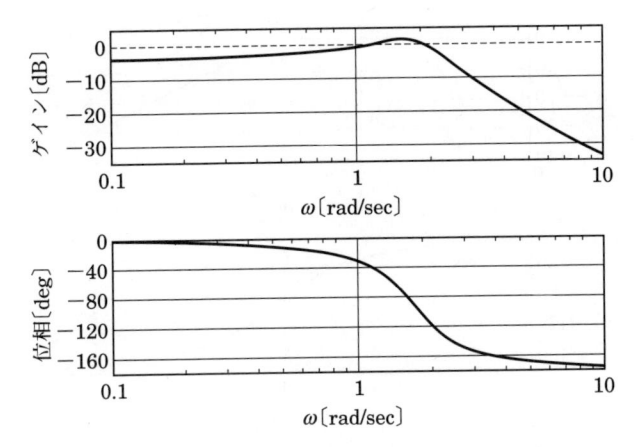

図 6.9 ノミナルプラントに基づく設計仕様のボード線図

$$\begin{aligned} &= \frac{C(s)P(s)}{1+C(s)P(s)} \cdot R(s) \\ &= \frac{1.1s+1}{s^3+2s^2+2.1s+1} \cdot R(s) \end{aligned}$$

となる．この伝達関数 $T(s)$ の Bode 線図は図 6.10 のようになり，図 6.9 と比べて大きな違いはないが，(6.1.21) の直列補償（図 6.5）なら

$$\begin{aligned} Y(s) &= Q_0(s)P(s)R(s) \\ &= \frac{C(s)}{1+C(s)P_0(s)} P(s) \cdot R(s) \\ &= \frac{\frac{1}{s}}{1+\frac{1}{s(s+1)}} \cdot \frac{1.1s+1}{(s+1)^2} \cdot \frac{1}{s} \\ &= \frac{s+1}{s^2+s+1} \cdot \frac{1.1s+1}{s^2+2s+1} \cdot \frac{1}{s} \\ &= \frac{(s+1)(1.1s+1)}{s^4+3s^3+4s^2+3s+1} \cdot \frac{1}{s} \end{aligned}$$

であり，その Bode 線図は図 6.11 となり，フィードバック系の場合と比較してゲイン・位相ともに大きく異なることがわかる．

また，それぞれのステップ応答 $y(t)$ は，図 6.12 のようになるが，かなり応答特性が悪くなることが理解できる．

以上のようにフィードバック制御は制御対象であるプラントの特性変化に対す

図 6.10　フィードバック系のボード線図

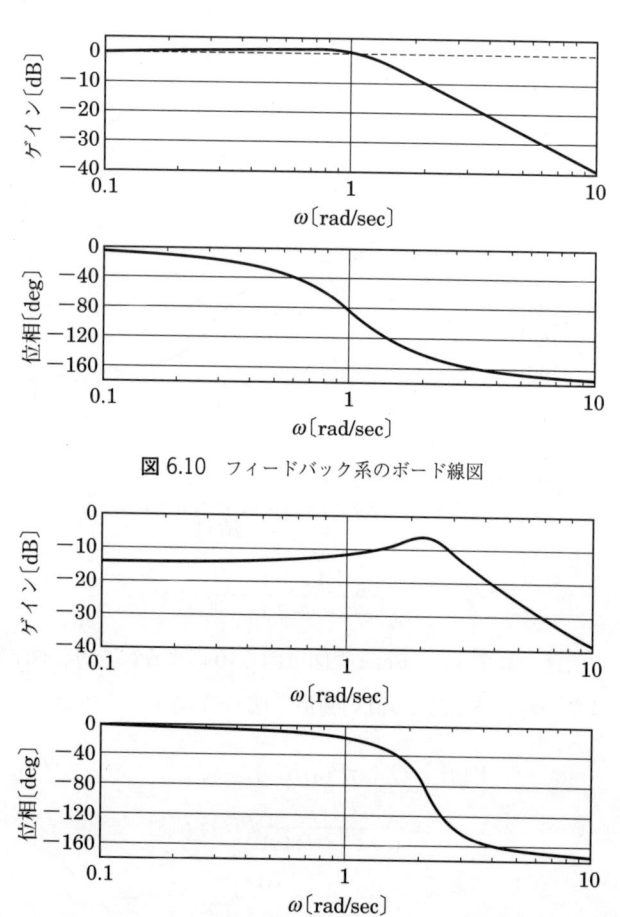

図 6.11　フィードフォワード系のボード線図

る頑強性 (Robust 性) 以外にも，外乱や測定ノイズに対して好ましい特性をもつような設計ができる．

目標値 r と出力 y の差を偏差という．これを e と定義する．

$$e = r - y$$

すると

6.1 閉ループ系の安定性

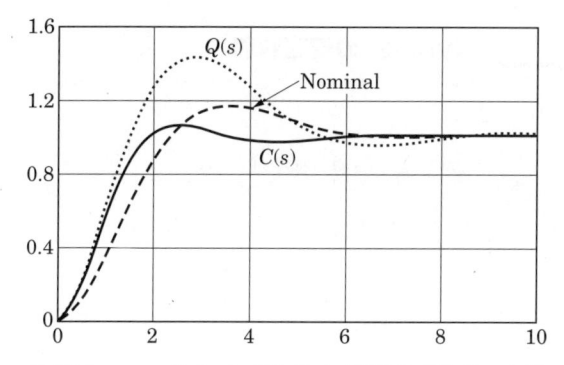

図 6.12 フィードバック ($C(s)$) と直列補償 ($Q(s)$) の比較

$$E(s) = (1 - T(s))R(s)$$
$$= \frac{1}{1 + C(s)P(s)} R(s)$$
$$= S(s)R(s)$$

$S(s)$ は与えられる制御系の感度関数という．制御系の考えなければいけない特性はこの偏差をできる限り早くなくす，すなわち出力を目標値に一致させるとともに閉ループ系を安定にさせることである．このように制御の目的とする出力を制御量 (controlled variable) という．また閉ループ系を安定にするため，閉ループ系の極

$$1 + C(s)P(s) = 0 \tag{6.1.23}$$

の根がすべて複素左平面にあるように調節計 $C(s)$ が設計される．

以下の節では，フィードバック系が安定であるかどうかの検定法を述べる．(6.1.23) の根が複素左半平面にあるかどうかは Routh の安定判別を用いることもできるが，以下ではループ内の各要素の積である一巡伝達関数 $L(s) = C(s)P(s)$ から判断する方法を述べよう．

6.1.2　Nyquistの安定判別

一巡伝達関数が

$$L(s) = C(s)\,P(s) \tag{6.1.24}$$

のように表せるとき，特性方程式は

$$1 + L(s) = 0 \tag{6.1.25}$$

で与えられることを前節で述べた．この $L(s)$ が与えられる時，この特性方程式のすべての根が複素左半平面にあるかどうかの判別方法として，ベクトル軌跡から安定判別を与える Nyquist の安定判別法を述べる．

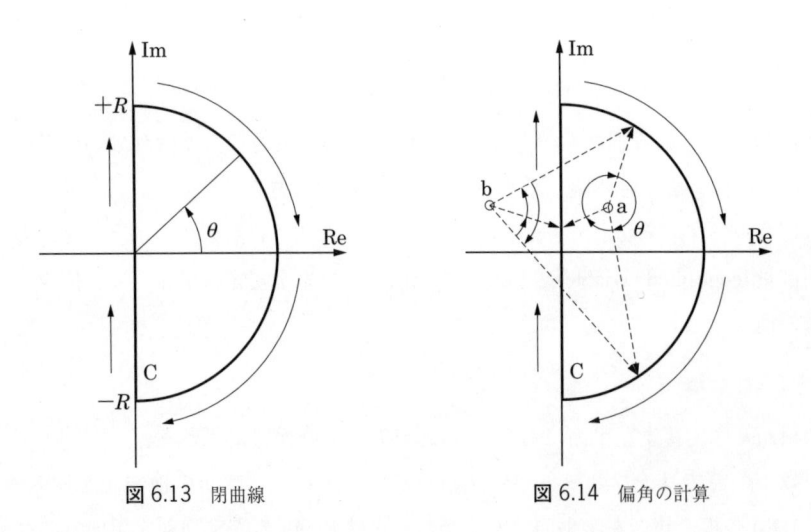

図 6.13　閉曲線

図 6.14　偏角の計算

　まず準備として，複素平面上に虚軸を通り複素右半平面を囲む半径 R の半円の閉曲線 C を考える（図 6.13）．虚軸上では $s = j\omega\ (-R \leq \omega \leq +R)$ であり，円弧では，$s = Re^{j\theta}\ (+\pi \geq \theta \geq -\pi)$ となる．この閉曲線 C 上の点 s が閉曲線を時計方向に 1 周すると，閉曲線 C の内部の点 a から s への角度は 360deg 変化する．すなわち，

6.1 閉ループ系の安定性

$$\int_C \angle(s-a) = 2\pi$$

である．また，閉曲線 C の外部の点 b に対する変化は 0deg である．

$$\int_C \angle(s-b) = 0$$

したがって，伝達関数

$$H(s) = b_m \frac{\prod_{i=1}^m (s-z_i)}{\prod_{i=1}^n (s-p_i)} \tag{6.1.26}$$

について，虚軸上に極および零点がない $(\mathrm{Re}(p_i), \mathrm{Re}(z_i) \neq 0)$ 場合には，右半平面にあるすべての不安定な極および零点[*5]を囲むように円弧の半径 R を十分に大きくとれば，

$$\begin{aligned}\int_C \angle H(s) &= \sum_{i=1}^m \int_C \angle(s-z_i) - \sum_{i=1}^n \int_C \angle(s-p_i) \\ &= 2\pi \cdot (\text{不安定零点の数} - \text{不安定極の数})\end{aligned}$$

となる．

一巡伝達関数 $L(s)$ について，前節から，特性方程式 $1+L(s)$ のすべての根，すなわち $1+L(s)$ のすべての零点が右半平面にないのなら閉ループシステムは安定であるので，零点が右半平面に存在しない条件

$$\int_C \angle(1+L(s)) = 2\pi \cdot (-(1+L) \text{ の不安定極の数}) \tag{6.1.27}$$

すなわち，閉曲線 C 上で s を時計回りに 1 周させたときに，$1+L(s)$ のベクトル軌跡が原点を反時計方向に $L(s)$ の不安定極の数だけ回転するとき，閉ループシステムは安定になる．

$1+L(s)$ のベクトル軌跡を左に 1 移動すると，$L(s)$ のベクトル軌跡となるから，$-1+j0$ を反時計方向に $L(s)$ の不安定極の数だけ回転すれば，閉ループシステムは安定になる．$R \to \infty$ として，s を閉曲線 C 上を時計回りに 1 周させたときの $L(s)$ の描く軌跡を Nyquist 線図とよぶ．以上を次の定理にまとめる．

[*5] 有限零点のみ．

定理 5 (Nyquist) 閉ループシステムが安定となる必要十分条件は，一巡伝達関数 $L(s)$ の Nyquist 線図が $-1+j0$ を $L(s)$ の不安定極の数だけ反時計方向に囲んで回転することである．

$L(s)$ の Nyquist 線図を描くために s を閉曲線 C 上を移動させるが，s が虚軸上にある $s = j\omega$ では，$L(j\omega)$ のベクトル軌跡と同じである．半円弧上では $s = Re^{j\theta}$ ($+\pi \geq \theta \geq -\pi$) であるが，

$$L(s) = \frac{b_m s^m + b_{m-1}s^{m-1} + \cdots + b_1 s + b_0}{s^n + a_{n-1}s^{n-1} + \cdots + a_1 s + a_0} \quad (m \leq n) \tag{6.1.28}$$

について，R が十分に大きいため，

$$L(Re^{j\theta}) \approx b_m R^{m-n} e^{j(m-n)\theta} \tag{6.1.29}$$

となり，C の半円弧に対応する Nyquist 線図は $R \to \infty$ において，$m < n$ なら原点に縮退し，$m = n$ なら $b_m + j0$ に縮退する．したがって $L(s)$ の Nyquist 軌跡は，$L(s)$ のベクトル軌跡と一致する．

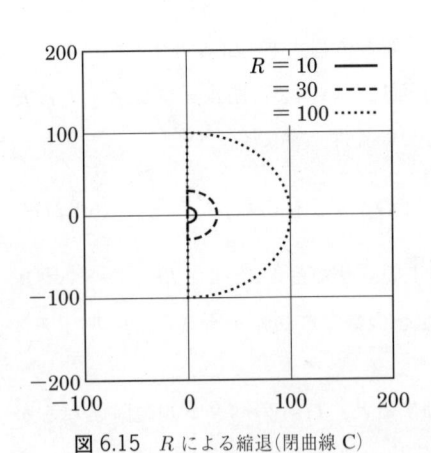

図 6.15 R による縮退（閉曲線 C）

図 6.16 R による縮退（C の $L(s)$ による写像）

図 6.15 と図 6.16 に

$$L(s) = K\frac{s-1}{s^2 - 2s + 4}, \quad K = 3$$

6.1 閉ループ系の安定性

について，閉曲線 C および C の $L(s)$ による写像が，R によって変化する様子を示す．このように，Nyquist 線図は一巡伝達関数のベクトル軌跡と一致する．

（例） 先ほどのプラントの伝達関数

$$P(s) = \frac{s-1}{s^2 - 2s + 4}$$

および，制御器 $C(s) = K$ について，K を変化させたときの安定性を考察し，その K に対応する Nyquist 線図を描いてみよう．$P(s)$ の不安定極の数 P は $P = 2$ であるから，Nyquist の定理によって，$-1+j0$ を 2 回反時計方向に囲むときに閉ループシステムは安定になる．

$K = 1, 3, 5$ に対応した Nyquist 線図を図 6.17，図 6.18，図 6.19 に示す．

$P(s)$ の不安定極の個数 P は $P = 2$ なので，Nyquist の安定判別によると，$-\omega$ を $-\infty$ から $+\infty$ に動かしたときの $L(j\omega)$ の軌跡は $-1+j0$ の回りを反時計方向に 4π 回転するときに，閉ループ系は安定となる．すなわち，-4π の角変化をしなければならない．これらの図で，$-1+j0$ からの角変化を調べると，

(1) $K < 2$ なら角変化は 0 なので，不安定
(2) $2 < K < 4$ なら角変化は -4π なので，安定
(3) $4 < K$ なら角変化は -2π なので，不安定

と結論づけることができる．

ところで，閉ループ系の特性方程式は，

$$1 + L(s) = 1 + \frac{K(s-1)}{s^2 - 2s + 4} = \frac{s^2 + (K-2)s + (4-K)}{s^2 - 2s + 4}$$

となる．これより閉ループ系が安定であるための必要十分条件は，$2 < K < 4$ である．なお不安定極の数は，

	$K < 2$	$2 < K < 4$	$4 < K$
不安定極の数	2	0	1

さきほどの，$L(s)$ の不安定極の個数と角変化が一致していることがわかる．

図 6.17 Nyquist 線図 ($K=1$)

図 6.18 Nyquist 線図 ($K=3$)

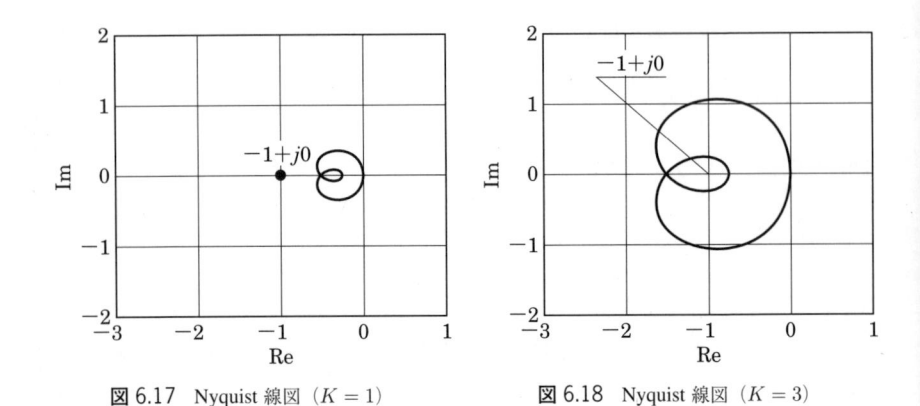

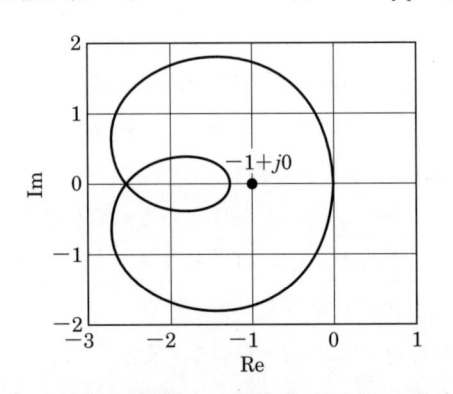

図 6.19 Nyquist 線図 ($K=5$)

Nyquist の定理を導く際に $L(s)$ は虚軸上の極をもたないとしたが，虚軸上に極が存在する場合には，閉曲線 C を微少に横にずらせばよい．たとえば実軸上を左，すなわち負の方向に，$L(s)$ の安定な極を含まない程度に微少に移動し，含まれた $L(s)$ の不安定極の数について，先ほどの Nyquist の定理が成立するのである．

例として，-1 と $\pm j$ に極をもつ一巡伝達関数

$$L(s) = K\frac{2s^3 + 3s^2 + 2s + 1}{(s+1)(s-1)(s^2+1)}, \quad K = 2$$

を用いて検証してみよう．$L(s)$ は $-1+j0$ に安定な極，$s = 0 \pm j$ と $1+j0$ に不

6.1 閉ループ系の安定性

図 6.20 修正した閉曲線 C

図 6.21 C の $L(s)$ による写像

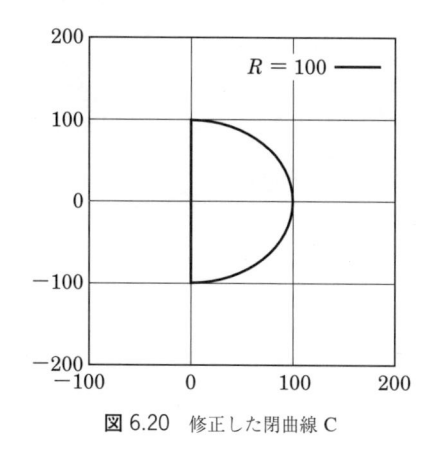

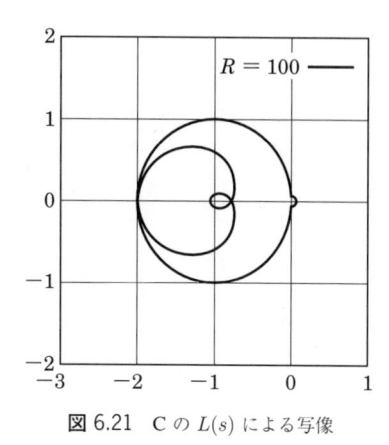

安定な極をもつので，これらの不安定な極を囲むように閉曲線 C として

$$s = \begin{cases} -0.5 + j\omega & -100 \leq \omega \leq 100 \\ -0.5 + 100e^{j\theta} & -\pi \leq \theta \leq \pi \end{cases}$$

を用いれば，$L(s)$ による C の写像は図 6.20，図 6.21 のようになる．

図 6.21 では $-1+j0$ を 3 回反時計方向に囲っているので，閉ループ系は安定である．

いま，$L(s)$ が不安定な極をもたない，すなわち $P=0$ とする．このとき $1+L(j\omega)$ が安定な極をもつための必要十分条件は $\omega=0$ から ∞ と変化させたときの $L(j\omega)$ が $(-1+j0)$ からみて右を通ることである．このことは $L(j\omega)$ の $-180°$ の位相遅れをもつ点 $s=j\omega_p$ が $(-1+j0)$ の右にある，あるいは $|L(j\omega)|=1$ の点 $s=j\omega_g$ （原点を中心とした半径 1 の円との交点）が $-180°$ より大きいことである．

$$180° + \angle L(j\omega_p) \tag{6.1.30}$$

を与えられたシステムの位相余裕といい[*6]，$-\angle L(j\omega_g) = \pi$ となる角速度 ω_g に対し

$$\frac{1}{|L(j\omega_g)|} \tag{6.1.31}$$

---
*6 一巡伝達関数に関する位相余裕である．

あるいは，この dB 値

$$20 \log \frac{1}{|L(j\omega_g)|} \tag{6.1.32}$$

をゲイン余裕という[*7]．ゲイン余裕と位相余裕を図 6.22 に示す．

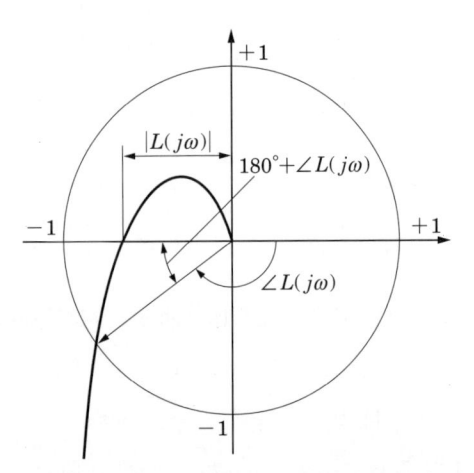

図 6.22 Nyquist 線図（ゲイン余裕と位相余裕）

（例） 一巡伝達関数

$$L(s) = \frac{K}{(s+1)^3} \qquad K = 3.0 \tag{6.1.33}$$

とすると，Nyquist 線図は図 6.23 のようになる．$L(s)$ は安定なので $L(j\omega)$ の $-1+j0$ に対する角変化が 0 のときに閉ループシステムが安定となるが，事実，図 6.23 では $L(j\omega)$ の Nyquist 線図は $-1+j0$ を囲まずに閉ループシステムが安定となっている．

ゲイン余裕と位相余裕は，プラントが変動した場合に安定性を保つことのできる限界までの余裕を示している．本節では，これらをを Nyquist の安定判別法によって導いたが，ここで，ゲイン余裕と位相余裕の直感的な解釈を述べよう．

[*7] 一巡伝達関数に関するゲイン余裕である．

6.1 閉ループ系の安定性

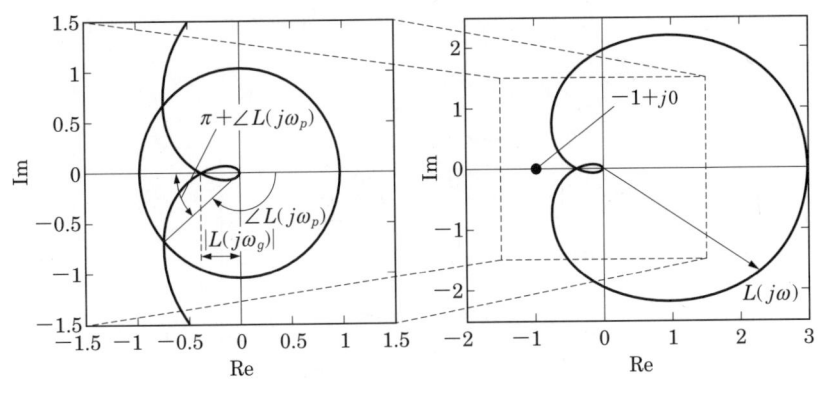

図 6.23 安定な $L(s)$ の Nyquist 線図

一巡伝達関数 $L(s)$ は図 6.2 において，制御装置への入力 $e(t)$ から $r(t)$ と $-y(t)$ の加え合わせの点までの伝達関数であるから，$L(s)$ のゲイン $|L(j\omega)|$ と位相 $\angle L(j\omega)$ はの意味は，制御装置への入力 $e(t)$ にもどってくるサイン波が $|L(j\omega)|$ 倍になり，位相が $\angle L(j\omega)$ だけ遅れるということになる．

- **ゲイン余裕** もどってきた信号の位相遅れが π のときに，その振幅が元の信号より増幅しているのなら，元の信号と比較してサイン波の山が一致し，かつ，振幅が大きくなっていることになる．したがって，閉ループを回り続けるうちにますます振幅が大きくなり，信号は発散する．したがってゲイン余裕とは，もどってきた信号を増幅しないための余裕ということになる．

- **位相余裕** また，もどってきた信号の振幅が 1 の場合に，π より位相遅れが大きい場合のなら，入力とサイン波の山が同じ向きになった信号が閉ループシステムを回ることになる．したがって，信号が増幅していくので，結局発散する．

それでは (6.1.33) で K を調節して閉ループシステムが不安定になる場合を考えてみよう．

(例) Routh 表により簡単に確かめられるように，$K < 8$ のときに，閉ループシステムは安定である．$K = 8$ のとき，閉ループシステムの極は，$\pm j\sqrt{3}, -3$ とな

り，安定限界になり，$K > 8$ では不安定となる．$K = 3, 8, 15$ について Nyquist 線図を描くと図 6.24 となる．

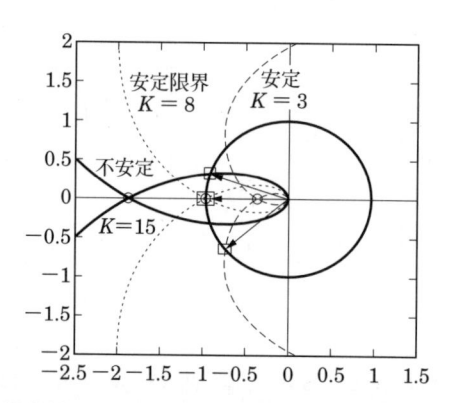

図 6.24 安定な $L(s)$ の Nyquist 線図 ($K = 3, 8, 15$)

ゲイン余裕は $K < 8$ において $|L(j\omega)| < 1$ であるが，閉ループシステムが安定限界の $K = 8$ において $|L(j\omega)| = 1$ となり，不安定な $K > 8$ においては $|L(j\omega)| > 1$ となる．

位相余裕について，一巡伝達関数の位相遅れ $\angle L(j\omega)$ は $K < 8$ において $\angle L(j\omega) > -\pi$ であるが，閉ループシステムが安定限界の $K = 8$ において $\angle L(j\omega) = -\pi$ となり不安定な $K > 8$ においては $\angle L(j\omega) < -\pi$ となる．

6.1.3　Bode 線図による安定判別

本項では，一巡伝達関数 $L(s)$ の Bode 線図を用いて，安定判別法を行なう方法を述べる．前節で扱った Nyquist 線図とは一巡伝達関数 $L(s)$ のベクトル軌跡を描いたものであったが，Bode 線図は横軸に周波数をとり，ゲイン $-20 \log |L(j\omega)|$ と位相 $\angle L(j\omega)$ を描いたものであるから，本質的に同じものであるが，周波数ごとの性質は把握しやすくなる．

なお $L(s)$ は安定でないと周波数応答をとれないので，安定である場合のみを

6.1 閉ループ系の安定性

取り扱うことにする．

$L(j\omega)$ の Bode 線図から閉ループ系が安定かどうか判別する方法は Nyquist 線図の安定判別と同様に，以下の二つを満たすことである．

(1) $\angle L(j\omega_0) = -180°$ になる角速度で $20\log|L(j\omega)|$ は 0 より小さい．
(2) $20\log|L(j\omega)| = 0$ を横切る角速度で位相が $-180°$ より大きい．

前項の Nyquist の安定判別と同じように，(1) で与えられる

$$-20\log|L(j\omega)|$$

をゲイン余裕，(2) で与えられる

$$180° + \angle H(j\omega)$$

を位相余裕という．これらの余裕が大きいほど安定であることから安定余裕ともよばれる．

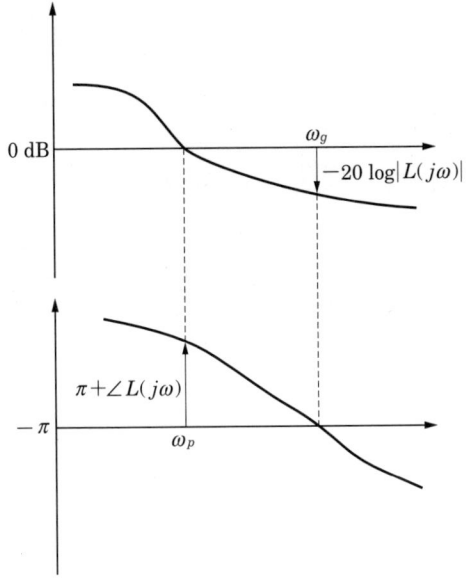

図 6.25 ボード線図（ゲイン余裕と位相余裕）

(**例**) 前節の一巡伝達関数

$$L(s) = \frac{K}{(s+1)^3} \tag{6.1.34}$$

について，$K=3$（安定），$K=8$（安定限界），$K=15$（不安定）としてボード線図を描き，そのゲイン余裕と位相余裕を調べてみよう．

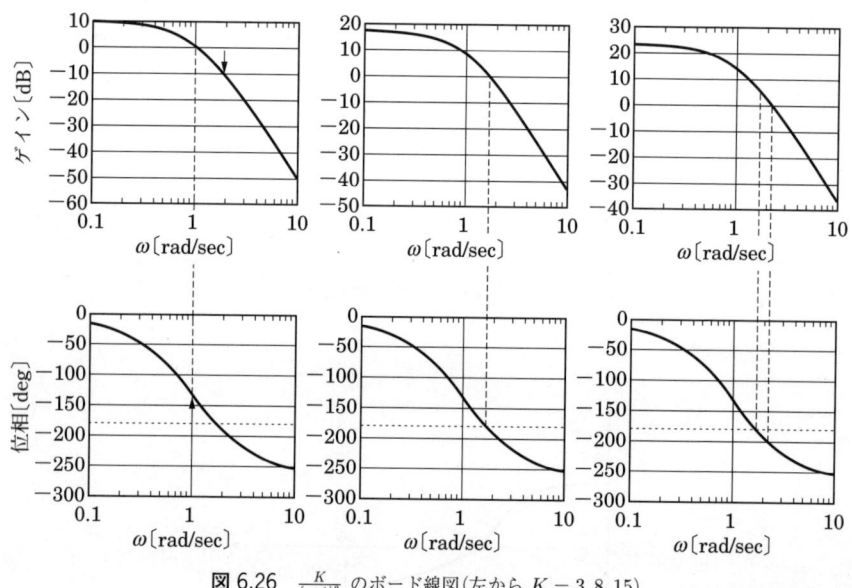

図 6.26 $\frac{K}{(s+1)^3}$ のボード線図（左から $K=3,8,15$）

閉ループシステムが安定になる $K=3$ のときには，位相余裕とゲイン余裕が正であるのに，安定限界の $K=8$ では，ゲインが 0dB となる周波数と，位相が -180deg となる周波数が一致し，閉ループシステムが不安定となる $K=15$ では，ゲインが 0dB のときに位相遅れが -180deg を下回り，位相が -180deg のときにゲインが 0dB を越えていることが確認できる．

6.2 フィードバック制御系設計

6.2.1 フィードバック制御系の設計指標

フィードバック制御系を構成する目的は,

1 安定性の改善
2 応答特性の改善

である.特に応答特性に関しては

2.1 定常特性が仕様を満たすようにする.
2.2 過渡特性が仕様を満たすようにする.

の二つの仕様が満たされるように制御系が設計されねばならない.

定常特性としては,目標値 r に対し偏差は

$$E(s) = \frac{1}{1+L(s)} R(s) = S(s) R(s) \tag{6.2.1}$$

で与えられる.すなわち定常偏差は

$$e(\infty) = \lim_{s \to 0} s \frac{1}{1+L(s)} R(s) \tag{6.2.2}$$

(a) 目標値がステップのときの定常偏差は

$$e(\infty) = \lim_{s \to 0} s \frac{1}{1+L(s)} \frac{1}{s} = \lim_{s \to 0} \frac{1}{1+L(s)} \tag{6.2.3}$$

を定位置定常偏差

(b) 目標値がランプのときの定常偏差は

$$e(\infty) = \lim_{s \to 0} s \frac{1}{1+L(s)} \frac{1}{s^2} = \lim_{s \to 0} \frac{1}{s\,L(s)} \tag{6.2.4}$$

を定速度定常偏差

(c) 目標値が $t^2/2$ のときの定常偏差

$$e(\infty) = \lim_{s \to 0} s \frac{1}{1+L(s)} \frac{1}{s^3} = \lim_{s \to 0} \frac{1}{s^2 L(s)} \tag{6.2.5}$$

を定加速度定常偏差という．

通常ステップ目標入力に対する偏差を問題にすることが多い．(a)の場合, $e(\infty) = 0$ となるには

$$\lim_{s \to 0} L(s) = \infty \tag{6.2.6}$$

とならねばならないので $L(s)$ は $1/s$ を一巡伝達関数の成分にもたねばならない．同様にして定速度定常偏差がなくなるためには $1/s^2$ を一巡伝達関数の成分にもたねばならない．後に述べる PID 調節計は $1/s$ という積分要素をもつので $L(0) = \infty$ となり，ステップ目標値に追従する．$e(\infty)$ が 0 でないときオフセットという．

過渡特性としては，ステップ応答に対しての仕様で

(1) 遅れ時間(定常時の 50% までに達する時間)
(2) 立ち上がり時間(定常時の 10% から 90% までに要する時間)
(3) ピーク応答時間(応答が overshoot の最大のものに達する時間)
(4) 整定時間(定常状態の ±5%(2%) 以内に入る時間)

などの仕様を満たすように制御系が構成される(図 6.27)．

問題 6.2.1 目標値の代わりに外乱がステップ状，またはランプ状であるとき，偏差が存在しないための条件をそれぞれ述べよ．

6.2.2　根軌跡法

制御系設計問題として最も簡単なものに

$$C(s) = K C_0(s) \tag{6.2.7}$$

のようにあらかじめ与えた $C_0(s)$ の比例ゲイン K を決める問題がある．これに

6.2 フィードバック制御系設計

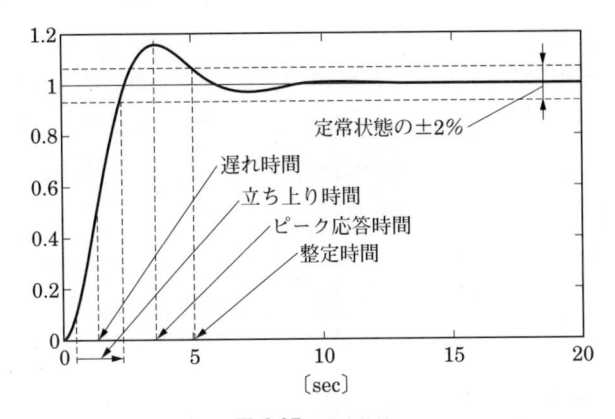

図 6.27 過渡特性

は Evans によって与えられた根軌跡法が有効である.

フィードバック系の特性方程式は

$$1 + K C_0(s) P(s) = 0 \tag{6.2.8}$$

となる.この零点が K によってどのように変化するかを考える.まず,一巡伝達関数 $KC_0(s)P(s)$ を

$$L_0(s) = C_0(s) P(s) = g \frac{\prod_{i=1}^{m}(s - z_i)}{\prod_{i=1}^{n}(s - p_i)} \tag{6.2.9}$$

とする.(6.2.8) の根を s とするとき

$$g \frac{\prod_{i=1}^{m}|s - z_i|e^{j\angle(s-z_i)}}{\prod_{i=1}^{n}|s - p_i|e^{j\angle(s-p_i)}} = -\frac{1}{K} \tag{6.2.10}$$

を満たさねばならない.この伝達関数のゲインおよび位相について次の関係を導ける.

$$g \frac{\prod_{i=1}^{m}|s - z_i|}{\prod_{i=1}^{n}|s - p_i|} = \frac{1}{K} \tag{6.2.11}$$

$$\sum_{i=1}^{m}\angle(s - z_i) - \sum_{i=1}^{n}\angle(s - p_i) = (2k+1)\pi \tag{6.2.12}$$

$$(k = 0, \pm 1, \pm 2, \pm 3, \cdots) \tag{6.2.13}$$

これらから K をパラメータとした s の軌跡が与えられる．この軌跡は次のような特徴をもつ．

特徴 1　特性方程式の根は，$K=0$ のとき一巡伝達関数 L_0 の極に一致し，$k=\infty$ のとき（$n>m$ なら，$s=\infty$ も含んだ）零点になる．すなわち，K を 0 から ∞ に変化させたときの n 本の根軌跡は，L_0 の極から出発し，m 本は L_0 の（有限）零点に収束し，$n-m$ 本は無限大に発散する．

特徴 2　実軸上の点 s を考える．s が根軌跡上にあるのなら，s の右側に合わせて奇数個の一巡伝達関数の零点 $\{z_i\}$ と極 $\{p_i\}$ が存在する．

実軸上の点 s について，共役な零点 $\{z_i\}$ や極 $\{p_i\}$ それぞれについて，実軸上の点 s からの偏角の和を計算すると 0 になり，また実軸上の点 s の左の点は偏角がやはり 0 になるので，偏角に寄与するのは実軸上で s の右にある零点 $\{z_i\}$ や極 $\{p_i\}$ だけである．したがって，(6.2.12) より s の右に合わせて奇数個の一巡伝達関数の零点 $\{z_i\}$ と極 $\{p_i\}$ が存在する．

特徴 3　一巡伝達関数の極および零点の重心を c_g とすると，c_g は次式で与えられる．

$$c_g = \frac{\sum_{i=1}^m z_i - \sum_{i=1}^n p_i}{m-n} \tag{6.2.14}$$

$K=\infty$ としたときの根軌跡のうち，$|s|\to\infty$ となるものは，重心 c_g を通り，次の偏角をもつ漸近線に漸近する．

$$\angle(s-c_g) = \frac{(2k+1)\pi}{n-m} \quad (k=0,\pm 1,\pm 2,\cdots,n-m-1) \tag{6.2.15}$$

また，

$$|s-c_g|^{n-m} = K \tag{6.2.16}$$

を満たす．

$$\frac{(s-z_1)\cdots(s-z_m)}{(s-p_1)\cdots(s-p_n)}$$

6.2 フィードバック制御系設計

$$= \frac{(s-c_g)^m \left(1+\dfrac{c_g-z_1}{s-c_g}\right)\cdots\left(1+\dfrac{c_g-z_m}{s-c_g}\right)}{(s-c_g)^n \left(1+\dfrac{c_g-p_1}{s-c_g}\right)\cdots\left(1+\dfrac{c_g-p_m}{s-c_g}\right)} \quad (6.2.17)$$

$$= \frac{1}{(s-c_g)^{n-m}} \cdot \frac{\left(1+\dfrac{c_g-z_1}{s-c_g}\right)\cdots\left(1+\dfrac{c_g-z_m}{s-c_g}\right)}{\left(1+\dfrac{c_g-p_1}{s-c_g}\right)\cdots\left(1+\dfrac{c_g-p_m}{s-c_g}\right)} \quad (6.2.18)$$

ここで $x=1/(s-c_g)$ とおいて，右辺の後半を $x=0$ でテイラー展開すると，

$$\frac{\left(1+\dfrac{c_g-z_1}{s-c_g}\right)\cdots\left(1+\dfrac{c_g-z_m}{s-c_g}\right)}{\left(1+\dfrac{c_g-p_1}{s-c_g}\right)\cdots\left(1+\dfrac{c_g-p_m}{s-c_g}\right)}$$

$$= \frac{(1+(c_g-z_1)x)\cdots(1+(c_g-z_m)x)}{(1+(c_g-p_1)x)\cdots(1+(c_g-p_m)x)}$$

$$= 1 + \frac{d}{dt}\left[\frac{(1+(c_g-z_1)x)\cdots(1+(c_g-z_m)x)}{(1+(c_g-p_1)x)\cdots(1+(c_g-p_m)x)}\right]\bigg|_{x=0} \cdot x$$

$$+ (2\text{次以上の項})$$

$$= 1 + [(c_g-z_1)+\cdots+(c_g-z_m)-(c_g-p_1)-\cdots-(c_g-p_n)] \cdot x$$

$$+ (2\text{次以上の項})$$

$$= 1 + \left[(n-m)c_g + \sum_{i=1}^{m} p_i - \sum_{i=1}^{n} z_i\right] \cdot x + (2\text{次以上の項})$$

(6.2.14) により，x の 1 次項の係数は 0 となるので，十分に大きい s ($x\to 0$) において，(6.2.18) に対するよい近似として，

$$-\frac{1}{K} = \frac{(s-z_1)\cdots(s-z_m)}{(s-p_1)\cdots(s-p_n)} = \frac{1}{(s-c_g)^{n-m}} \quad (6.2.19)$$

が成立するので，次の 2 式を得る．

$$\angle(s-c_g) = \frac{(2k+1)\pi}{n-m} \quad (6.2.20)$$
$$(k=0,1,\cdots,n-m-1)$$

$$|s-c_g|^{n-m} = K \quad (6.2.21)$$

特徴 4 実軸上の二つの極の間に特性方程式の二つの根があるとき，これら

が重なった後に実軸から分岐したり，二つの零点の間の実軸に2つの根が合流することがある．これらをまとめて分岐点と呼ぶ．分岐点の決定法はそれぞれ極が

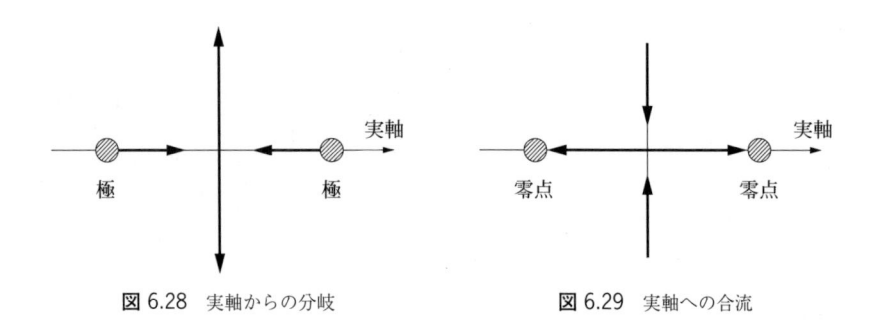

図 6.28 実軸からの分岐

図 6.29 実軸への合流

重根になることから

$$1 + K L_0(s) = 0 \tag{6.2.22}$$

の重根を求めればよい．すなわち

$$\frac{d}{ds} L_0(s) = 0 \tag{6.2.23}$$

の零点で，(6.2.22) を満たすものは分岐点である．特に

$$K = -\frac{1}{L_0(s)} \tag{6.2.24}$$

として，K を s の関数と考えると，(6.2.23) より

$$\frac{d}{ds} K = -\frac{d}{ds} \frac{1}{L_0(s)} = \frac{1}{L_0(s)^2} \frac{d}{ds} L_0(s) = 0 \tag{6.2.25}$$

を得る．すなわち根軌跡が実軸上を動くとき，分岐点は K の極値をあたえる．また，根軌跡は $K(>0)$ を増加した場合の (6.2.22) の根の軌跡なので，実軸上でその根 s を増加させたときに，局所最大値を与えるときは分岐し，局所最小値を与えるときは合流であることが，下図から理解できる．

特徴5 分岐，あるいは合流する角度は 90° である．

これは分岐，あるいは合流点からの根軌跡を虚軸から x，実軸から δ だけ離れ

6.2 フィードバック制御系設計

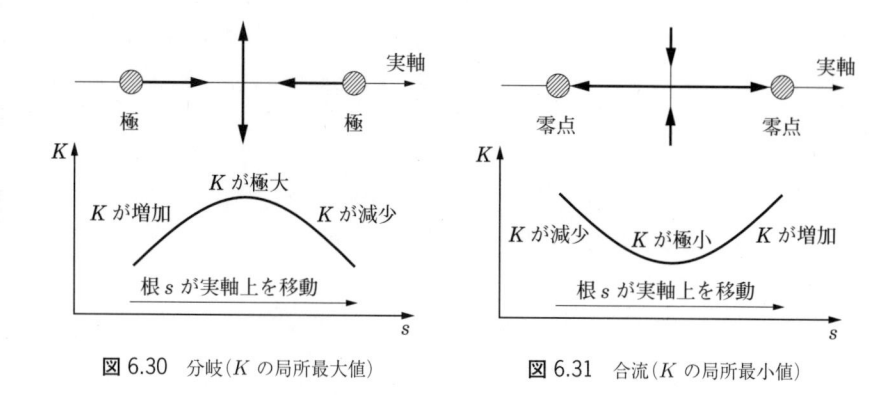

図 6.30 分岐（K の局所最大値）

図 6.31 合流（K の局所最小値）

た点を (x, δ) とすると，δ が小さければ

$$\sum_{i=1}^{m} \tan^{-1} \frac{\delta}{x - z_i} - \sum_{i=1}^{n} \tan^{-1} \frac{\delta}{x - p_i} = (2k+1)\pi$$

となる．δ が小さいから上式は

$$\sum_{i=1}^{m} \frac{\delta}{x - z_i} - \sum_{i=1}^{n} \frac{\delta}{x - p_i} = (2k+1)\pi$$

となる．しかるに δ で微分すると

$$(\sum_{i=1}^{m} \frac{1}{x - z_i} - \sum_{i=1}^{n} \frac{1}{x - p_i}) + \sum_{i=1}^{m} \frac{\delta \frac{dx}{d\delta}}{(x - z_i)^2} - \sum_{i=1}^{n} \frac{\delta \frac{dx}{d\delta}}{(x - p_i)^2} = 0 \quad (6.2.26)$$

より

$$\frac{d\delta}{dx} = 0 \quad (6.2.27)$$

となるので 90° で分岐する．

特徴 6 根軌跡が虚軸を横切るときの K は，Routh 表により求めることができる．

問題 6.2.2 次の伝達関数をもつシステムの根軌跡を求め，適当なゲインを与えた場合の応答を計算せよ．

$$H(s) = \frac{s + 3}{s(s^2 + s + 1)}$$

(**解答**)　極は $0, (-1 \pm \sqrt{3}j)/2$，零点は -3 であり，相対次数は $3-1 = 2$ なので，根軌跡は重心は $0, (-1 \pm \sqrt{3}j)/2$ からはじまり，-3 と無限大に2本延びる．閉ループ系の極の重心は

$$c_g = \frac{-3 - \{(-1) + 0\}}{1 - 3} = 1$$

であり，そこを通る漸近線の勾配 $\angle(s - c_g)$ は

$$\angle(s - c_g) = \left.\frac{(2k+1)\pi}{3 - 1}\right|_{k=0,1} = \frac{\pi}{2}, \frac{3\pi}{2}$$

であるから，漸近線は $1 + j0$ を通る $\pm 90°$ の直線である．根軌跡はこの漸近線以外に実軸上を 0 から -3 までとる．この様子を図 6.32 に示す．K が大きくなると，閉ループは不安定になり，安定限界は $K = 0.5$ である．$K = 0.2$ としたときの閉ループのステップ応答を図 6.33 に示す．

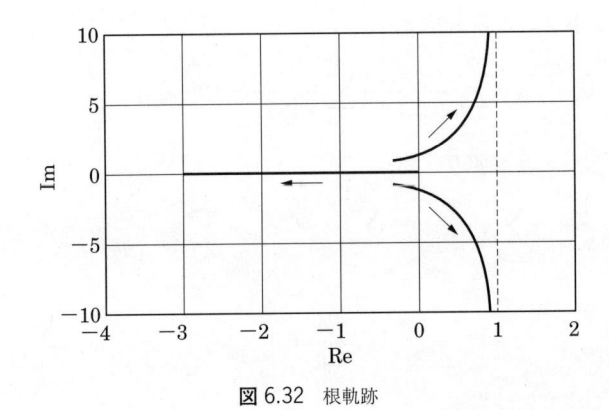

図 6.32　根軌跡

問題 6.2.3　次の伝達関数をもつシステムの根軌跡を求め，適当なゲインを与えた場合の応答を計算せよ．

$$H(s) = \frac{(s+1)(s+3)}{s(s^2 + s + 1)}$$

6.2 フィードバック制御系設計

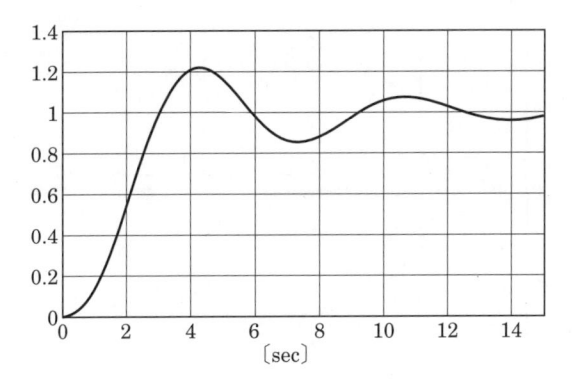

図 6.33 $K = 0.2$ のステップ応答

(解答) 重心は

$$c_g = \frac{(-3-1)-(-1+0)}{3-2} = 3$$

であり，漸近線の勾配は

$$\angle(s - c_g) = \frac{(2k+1)\pi}{3-2} = \pi$$

であるから，漸近線は実軸上の直線である．根軌跡はこの漸近線以外に実軸上を 0 から −1 まで −3 から ∞ までとる．この様子を図 6.34 に示す．K を大きくしても，閉ループは不安定にならない．$K = 10$ としたときの閉ループのステップ応答を図 6.35 に示す．K を大きくすると閉ループ系の極は −1, −3 に近づき，零点とキャンセルするので，この影響は応答に現れない．したがって，K が大きいとき，漸近線上の極だけを考えればよい．

6.2.3　Nyquist 線図

6.1 節で Nyguist 線図を利用したフィードバック制御の安定解析法について述べた．これは以下のようにフィードバック制御系設計に利用することができる．
$C(s) = K C_0(s)$ で与えられる場合，特性方程式

$$1 + K C_0(s) P(s) = 0 \tag{6.2.28}$$

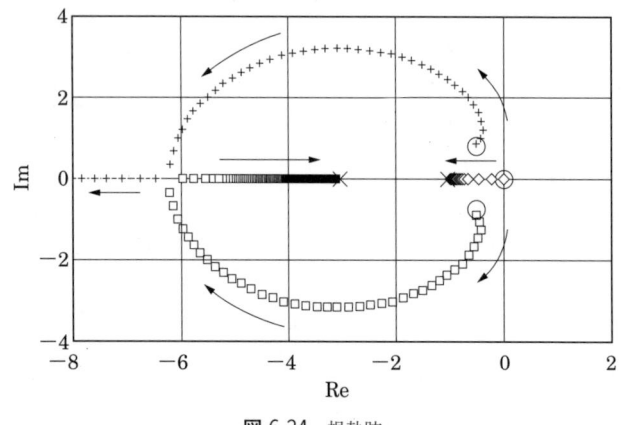

図 6.34 根軌跡

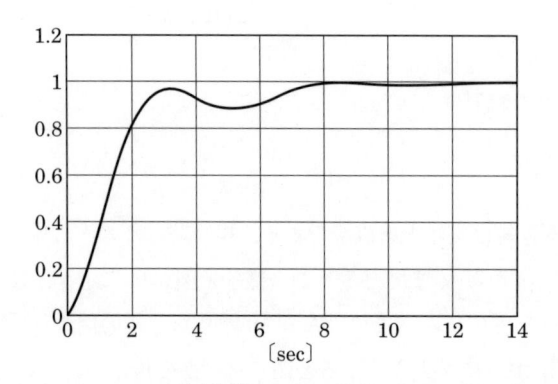

図 6.35 ステップ応答

は次のように書き直せる．

$$\frac{1}{K} + C_0(s)P(s) = 0 \tag{6.2.29}$$

前節と同様に $L_0(s) = C_0(s)P(s)$ とする．このとき $L_0(s)$ の不安定極の数を P 個とすると，$L_0(j\omega)$ の Nyquist 線図が $(-\frac{1}{K} + j0)$ を時計方向に P 回転するとき安定であることがわかる．これより安定になるよう K を定めることができる．

問題 6.2.4 次の一巡伝達関数をもつシステムの Nyquist 線図を求め，安定

6.2 フィードバック制御系設計

な K の範囲について論じなさい．

$$L(s) = \frac{s+3}{s(s^2+s+1)}$$

(解答) 一巡伝達関数 $L(s)$ の不安定極は $s=0$ だけである．閉ループ系が安定である条件は，Nyquist 線図が $-1/K+j0$ を反時計方向に1周することである．図 6.36, 6.37 に，Nyquist 線図とその原点付近の拡大図を示す．不安定極 $s=0$ は虚軸上にあるので，Nyquist 線図を描くのに，$s = -\epsilon + j\omega$ ($\epsilon = 0.001$, $-\infty < \omega < +\infty$) を用いた．$\epsilon(>0)$ を小さくするほど図 6.36 の楕円は大きくなる．これより，閉ループ系が安定である条件は，

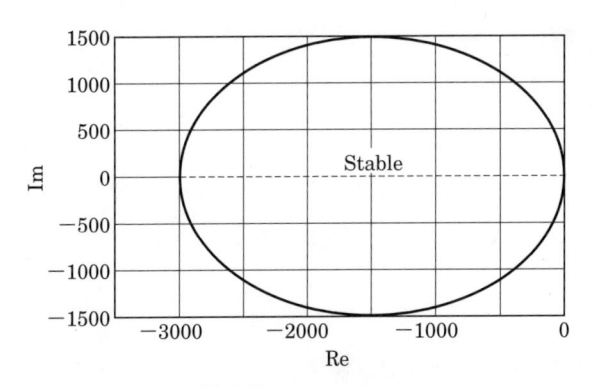

図 6.36 Nyquist 線図

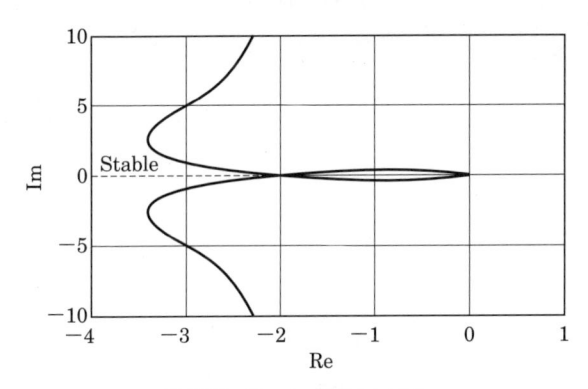

図 6.37 Nyquist 線図(拡大図)

$$-\frac{1}{K} < -2$$

すなわち，$0 < K < 1/2$ となる．

6.2.4　Hall 線図

前節の Nyquist 線図を用いた閉ループ特性の設計法では，与えられた $C_0(s)P(s)$ に対して，閉ループ系を安定にするゲイン K を設計し，その安定余裕を調べることができる．すなわち，定数ゲイン K の設計方法を与えている．しかし，定数ではない制御器 $C(s)$ を用いて，好ましい閉ループ特性が得られるように，設計することは難しく，希望する閉ループ特性を与えたときに，制御器を直接に調整できることが望ましい．

本項では，一巡伝達関数

$$L(s) = C(s)P(s)$$

の Nyquist 線図から，閉ループ伝達関数

$$T(s) = \frac{L(s)}{1 + L(s)} \tag{6.2.30}$$

の周波数特性 $T(j\omega)$ を求める Hall 線図を説明する．これにより，閉ループ特性を考慮しながら，制御器 $C(s)$ を調整することが可能である．

閉ループ特性を

$$T(j\omega) = M(\omega)e^{j\varphi} \tag{6.2.31}$$

とおく．このとき，与えられた M, φ の値に対応した

$$L(j\omega) = x(\omega) + jy(\omega)$$

がどういう条件を満たすか調べてみよう．

まずゲイン M について，

$$\left| \frac{x(\omega) + jy(\omega)}{1 + x(\omega) + jy(\omega)} \right| = M \tag{6.2.32}$$

6.2 フィードバック制御系設計

となるので,

$$M^2\{(1+x)^2 + y^2\} = x^2 + y^2$$

$$(M^2-1)x^2 + 2M^2 x + (M^2-1)y^2 + M^2 = 0$$

$$(M^2-1)(x+\frac{M^2}{M^2-1})^2 + (M^2-1)y^2 = \frac{M^4}{M^2-1} - M^2$$

$$(x+\frac{M^2}{M^2-1})^2 + y^2 = \frac{M^2}{(M^2-1)^2} \quad (6.2.33)$$

という円の方程式を得る.M をパラメータとした,この円を描き,$L(s)$ のNyquist線図と重ねることにより,$L(s)$ に対応した閉ループ周波数特性のゲインが求められる.

一方,位相 φ が与えられたときに,

$$\begin{aligned}\varphi = \angle T(j\omega) &= \angle \frac{x(\omega)+jy(\omega)}{1+x(\omega)+jy(\omega)} \\ &= \angle \frac{(x(\omega)+jy(\omega))(1+x(\omega)-jy(\omega))}{(1+x(\omega))^2 + y(\omega)^2} \\ &= \angle \frac{(x(\omega)(1+x(\omega))+y(\omega)^2)+jy(\omega)}{(1+x(\omega))^2+y(\omega)^2}\end{aligned}$$

これを与える x, y の軌跡は,

$$\tan\varphi = \frac{y}{x^2+y^2+x}$$

であるから,これを x, y に関する方程式に直して,同様にして

$$\left(x+\frac{1}{2}\right)^2 + \left(y-\frac{1}{2\tan\varphi}\right)^2 = \frac{1}{4}\left(1+\frac{1}{\tan^2\varphi}\right) \quad (6.2.34)$$

という円の方程式を得る.これより,一定の φ に対して,x, y の軌跡を描けば,Nyquist線図から閉ループ系の位相がわかる.

これら一定の M, φ に対して x, y の軌跡を描いたものを,Hall 線図[22)]という.

図6.38, 6.39にそれぞれ,一定の M および φ に対して x, y の軌跡を描いたHall線図を示す.それぞれに一巡伝達関数

$$L(s) = \frac{1}{s^2+0.08s+0.01}$$

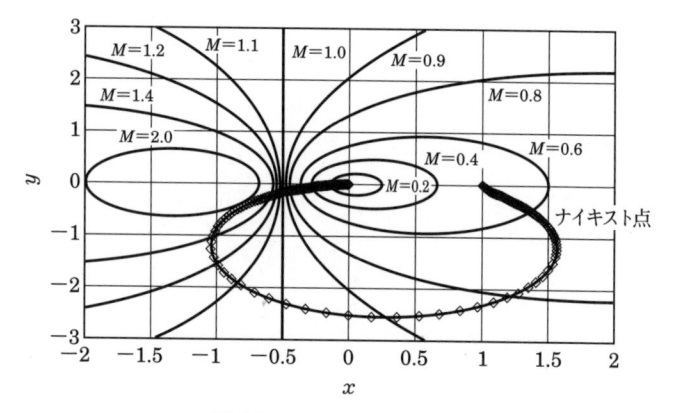

図 6.38　Hall 線図（M 一定）

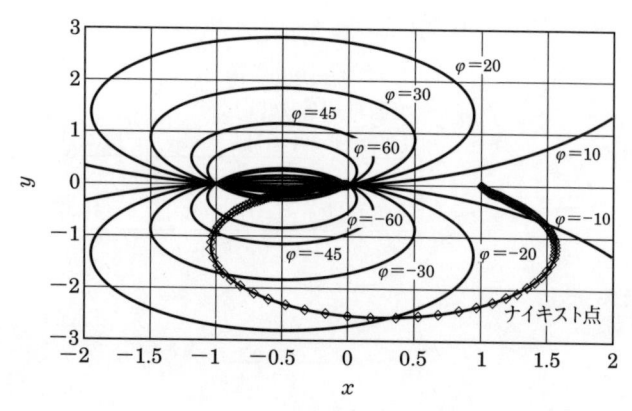

図 6.39　Hall 線図（φ 一定）

のベクトル軌跡も示してある．

6.2.5　Bode 線図による閉ループ系設計

Bode 線図を使って制御系を設計する方法を述べる．まず閉ループ系が安定であるためにはゲイン余裕と位相余裕がなくてはならない．もう少し応答特性に関して考える．定常特性をまず考える．

6.2 フィードバック制御系設計

目標値を $R(s)$, 測定誤差を $N(s)$ とすると偏差は次のように与えられる.

$$E(s) = \frac{1}{1+L(s)}R(s) + \frac{L(s)}{1+L(s)}N(s) \qquad (6.2.35)$$

書き直すと

$$E(j\omega) = \frac{1}{1+L(j\omega)}R(j\omega) + \frac{L(j\omega)}{1+L(j\omega)}N(j\omega)$$

一般に目標値は低い周波数領域で値をもつので, 偏差を小さくするには,

$$\text{低周波数領域で,} |L(j\omega)| \text{ が大きい} \qquad (6.2.36)$$

ことが必要であり, 周波数が高い測定ノイズの影響が偏差に出ないためには,

$$\text{高周波数領域で,} |L(j\omega)| \text{ が小さい} \qquad (6.2.37)$$

ように一巡伝達関数を設計する必要がある.

閉ループ系の過渡応答の特性は, 一巡伝達関数のクロスオーバー周波数の前後の特性だけで決まってくる. この様子をすこし述べよう.

ループ伝達関数のゲインが $-20\mathrm{dB/dec}$ の勾配をもち, 位相が $-90°$ であれば, 次の積分系,

$$L(s) = \frac{1}{Ts} \qquad (6.2.38)$$

で近似でき, 閉ループ伝達関数は 1 次遅れ系

$$T(s) = \frac{1}{Ts+1} \qquad (6.2.39)$$

で与えられる. これからゲインクロスオーバ角速度

$$\omega_c = \frac{1}{T} \qquad (6.2.40)$$

で, ゲインが $-20\mathrm{dB/dec}$ の勾配をもち, 位相が $-90°$ であれば, 閉ループ系は 1 次遅れ系で近似できる.

ついで, ゲインクロスオーバ角速度の近傍で, ゲインが $-20\mathrm{dB/dec}$ から $-40\mathrm{dB/dec}$

に変化し，位相が $-135°$ であれば，一巡伝達関数は

$$L(s) = \frac{K}{s(Ts+1)} \tag{6.2.41}$$

で近似できるから，閉ループ伝達関数は

$$T(s) = \frac{K/T}{s^2 + \frac{1}{T}s + \frac{K}{T}} \tag{6.2.42}$$

で与えられる．

$$1 > 4KT \tag{6.2.43}$$

のときは，閉ループ系は2次振動系になり

$$\omega_n^2 = \frac{K}{T}$$
$$2\zeta\omega_n = \frac{1}{T}$$

であるから

$$\omega_n = \sqrt{\frac{K}{T}} \tag{6.2.44}$$

$$\zeta = \frac{1}{2\sqrt{KT}} \tag{6.2.45}$$

で与えられる．これより，K が大きいと応答が速いが，T が大きいと ζ が小さくなり，振動的になることがわかる．ついで一巡伝達関数が

$$L(s) = \frac{1}{0.5s}$$

で与えられる場合を考える．閉ループ系は時定数 0.5 の1次遅れ系とみなせることがわかる．

一巡伝達関数が (6.2.41) のように与えられるとき，$K=3/2$，$T=1/3$ の場合は，$L(s)$ は次のように与えられる．

$$L(s) = \frac{3/2}{s(1/3s+1)}$$

$$\omega_n = \sqrt{\frac{K}{T}} = \frac{3}{\sqrt{2}}$$

6.2 フィードバック制御系設計

となり，ピーク応答時間は

$$\zeta = \frac{1}{2\sqrt{KT}} = \frac{1}{\sqrt{2}}$$

$$t_p = \frac{\pi}{\sqrt{1-\zeta^2}\omega_n}$$

となり，約 2 秒である．

問題 6.2.5 前述の場合に $K=3$ とすると応答はどのようになるか．

以上のような制御系設計において，伊沢はゲイン余裕と位相余裕を次のように選ぶことが好ましいことを述べている．

- プロセス制御では，位相余裕は 16〜80 度，ゲイン余裕は 3〜9 デシベル
- サーボ機構では位相余裕 40〜65 度，ゲイン余裕は 12〜20 デシベル

いずれにせよ，閉ループ制御系の過渡特性をもっと精度よく設計するには後で述べるニコルスチャートを使うことが望ましい．

$L(j\omega)$ から $T(j\omega)$ の特性が 2 次遅れ系的挙動をするため，

$$\zeta = \frac{\alpha}{3n} = \frac{位相余裕}{3 \cdot ゲインの傾斜} \tag{6.2.46}$$

を目安にする．ここで α は位相余裕であり，n はゲイン曲線が 0dB を横切るところの傾斜（負の値）の大きさを n(dB/dec) としたものである．

また，ニコルスチャートで $L(j\omega)$ から $T(j\omega)$ を求めるとき，$T(j\omega)$ がゲイン 1，位相 $e^{-(\frac{\varphi_0}{\omega_0})j\omega}$ をもつとすると，これはむだ時間 φ_0/ω_0 のシステムである．このときの $|T(j\omega)|$ の最大値を Mp とすると 1.1〜1.3 位が好ましい．

6.2.6 Nicholes Chart

一巡伝達関数から閉ループの安定性を判別できても[8]，過渡応答特性を調べる

---

[8] ニコルスの業績を讃えるために IFAC は 1996 年からニコルス賞を創った．第 1 回の受賞者は J.Ackermann である．

には閉ループ周波数特性を知る必要がある．$L(j\omega)$ から閉ループ周波数特性

$$T(j\omega) = \frac{L(j\omega)}{1 + L(j\omega)}$$

を求める方法に Nicholes Chart を使用するものがある．これは

$$T^{-1}(j\omega) = 1 + L^{-1}(j\omega) \tag{6.2.47}$$

を利用し $L(j\omega)$ の実部と虚部をそれぞれ

$$L(j\omega) = r(\omega)\,e^{j\theta(\omega)}, \quad T(j\omega) = M(\omega)\,e^{j\varphi(\omega)},$$

とすると

$$L^{-1}(j\omega) = \frac{1}{r(\omega)}e^{-j\theta(\omega)}, \quad T^{-1}(j\omega) = \frac{1}{M(\omega)}e^{-j\varphi(\omega)},$$

となるので，(6.2.47) に用いて，

$$\frac{1}{M^2} = \left(1 + \frac{1}{r}\cos\theta\right)^2 + \left(\frac{1}{r}\sin\theta\right)^2 \tag{6.2.48}$$

$$-\varphi(\omega) = \tan^{-1}\frac{-\frac{1}{r}\sin\theta}{1 + \frac{1}{r}\cos\theta} \tag{6.2.49}$$

を得る．(6.2.48) から

$$\frac{1}{r^2}\cos^2\theta + \frac{1}{r^2}\sin^2\theta + \frac{2}{r}\cos\theta + 1 = \frac{1}{M^2}$$

$$(M^2 - 1)\,r^2 + 2M^2\cos\theta \cdot r + M^2 = 0$$

すなわち，

$$r = \frac{-M^2\cos\theta \pm \sqrt{M^4\cos^2\theta - (M^2 - 1)M^2}}{M^2 - 1}$$

$$= -\frac{M^2}{M^2 - 1}\cos\theta \pm \sqrt{\frac{M^4}{(M^2-1)^2}\cos^2\theta - \frac{M^2}{M^2 - 1}} \tag{6.2.50}$$

より与えられた M と θ に対し r が定まる．また，(6.2.49) から

$$\tan\varphi = \frac{\sin\theta}{r + \cos\theta} \tag{6.2.51}$$

$$r = \cot\varphi \cdot \sin\theta - \cos\theta \tag{6.2.52}$$

6.2 フィードバック制御系設計

より φ と θ から r が定まる.

以上から $r(\omega)$ を dB で, $\theta(\omega)$ を degree で与えるとき, $M(\omega), \varphi(\omega)$ を図表で与えるものを Nicholes Chart という.

この $M(\omega)$ から閉ループ系のゲインが求められる. 特に M の最大値を $M_p = 1.3$ すなわち 2.3dB 位にすることが, 望ましい閉ループ系の特徴であるといわれる.

以上から, 閉ループ周波数特性が求められる. −3dB を与える角速度からバンド幅が求められ, その角速度を ω_0 とし, そのときの位相遅れを φ_0 とすると, 遅れ時間は

$$t_d = \frac{\varphi_0}{\omega_0} \tag{6.2.53}$$

で近似的に与えられる. またピーク応答時間は

$$t_p = t_d + \frac{\pi}{\omega_0} \tag{6.2.54}$$

で近似的に与えられる. 図 6.40 に

$$L(s) = \frac{1}{s^2 + 2s + 1}$$

のゲイン位相線図を Nicholes 線図に描いたものを示す.

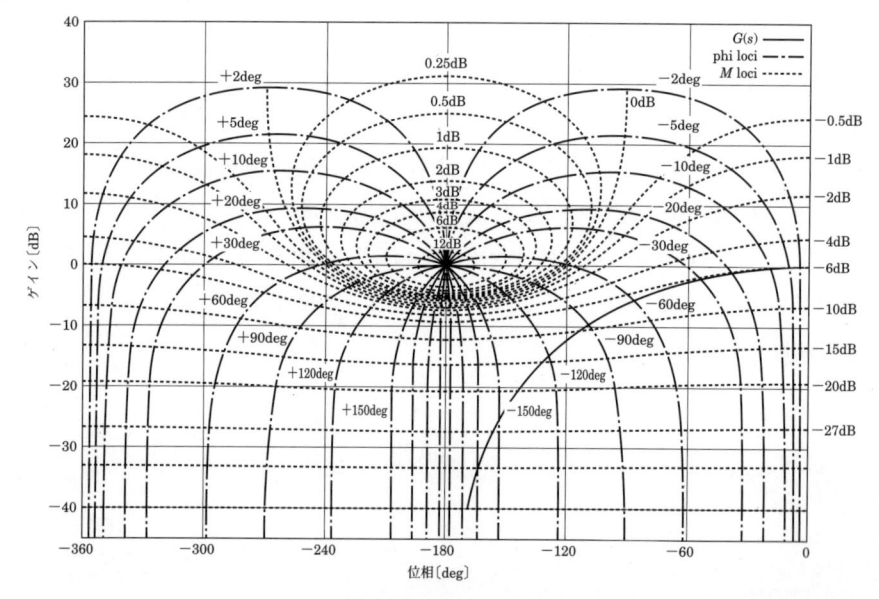

図 6.40　Nicholes 線図

参考図書

1) H.G.Weaver：The Mainspring of Human Progress, Talbot Books, p.217, 1974.
2) J.C.Maxwell："On Governors," Proceedings of the Royal Society of London, Vol. 16, pp.170-283, 1868. Also in selected papers on mathmatical trends in control theory, edited by R.Bellman and R.Kalaba, pp.5-17, Dover Publication, Inc., 1964.
3) ポントリャーギン：常微分方程式，共立出版，1963.
4) S.Bennett：A history of control engineering, IEE control engineering series, The Institution of Electrical Engineers, London, 1979.
5) F.R.Gantmacher：Applications of The Theory of Matrices, Interscience Publishers, 1959.
6) F.R.Gantmacher：The Theory of Matrices, Chelsea Publishing Company, New York, II, 1959.
7) Morris Marden：The Geometry of The Zeros, AMERICAN MATHEMATICAL SCIETY, New York, 1949.
8) 高木貞治：解析概論，岩波書店，1963.
9) 原島　鮮：力学，裳書房，1970.
10) E.M.Walsh：Energy Conversion, Ronald N.Y., 1967.
11) K.Ogata：System Dynamics, Prentice Hall, 1978.
12) P.E.Wellstead：Introduction to Physical System Modeling, AP, 1979.
13) Paul J. Nahin：Oliver Heviside; Sage in Solitude, IEEE Press, New York, 1971.
14) E.T.Whittaker："Oliver Heviside," in Heviside Operational Calculus by Douglas H.Moore, American Elsevier Inc., New York, 1971.
15) 伊沢計介：自動制御入門，オーム文庫，オーム社，第4版，1967.
16) M.Mansour：Robust Stability in Systems Described by Rational Functions, in Control and Dynamic Systems Vol.51 edited by Leondes Academic Press, pp79-127, 1992.
17) M.Mansour："A Simple Proof of Routh-Hurwitz Criterion" ETH, Inst. of Aut. Contr. & Ind. Elec. Rep., No.88-04, 1988.
18) B.D.O.Anderson, E.I.Jury, M.Mansour：On robust Hurwitz polynomials, IEEE Transactions on Automatic Control, Vol.AC-32, pp.909-913, 1987.

19) W.R.Evanns : Control System Synthesis by Root Locus Method, Trans. AIEE, vol.69, pp.66-69, 1950.
20) W.R.Evanns : Graphical Analysis of Control Systems, Trans. AIEE, vol.67, pp.547-551, 1948.
21) C.J.Savant Jr. : Basic FeedBack Control System Design, McGrawHill, 1958.
22) 計測自動制御学会：自動制御便覧, p.181, コロナ社, 1972.
23) 伊沢, 林部 : Regelungstechnik Moderne Theorie und ihre Verwendbarkeit, pp.294-300, R.Oldenbourg Verlag, Munchen, 1967.

索引

【記号・英数字】

1次遅れ系　117
1次微分方程式　81
2次遅れ系　99, 120
2次振動系　123
Bode 線図　141
$e = 2.71828$ の計算方法　27
e^{At} の計算法　28
$e^{j\omega t}$ の性質　22
e の定義　19
Hall 線図　208
Hermite-Bieler　159
Interlacing property　159
Lagrange 方程式を用いたモデリング　57
Leonhard-Mikhailov 軌跡　156
Nicholes Chart　213
Nyquist 線図　205
Nyquist の安定判別　186
Routh の定理　161
Strum Sequence　165
Strum の定理　165

【ア】

安定性　155
位相平面　17
位相余裕　193
一巡伝達関数　185
インパルス応答　85
運動エネルギー　57
遅れ時間　198

オペアンプ　61
オリヴァー・ヘビサイド　71

【カ】

加算器　64
カリトノフの定理　170
慣性モーメント　40
機械系と電気系のアナロジー　47
強プロパー　155
行列値関数 e^A　21
キルヒホッフの法則　3
ゲイン余裕　193
根軌跡法　198
根軌跡法の有効性　199

【サ】

最終値定理　76
ジェームス・ワット　1
時間応答　117
時間推移　75
時間積分　75
時間微分　75
システムの安定性　113
システムの状態表現　110
周波数特性　108, 133
蒸気機関　2
初期値定理　76
ショックアブソーバ　37
スプリング-慣性-ダンパ系　41
スプリング-質量-ダンパ系　32

整定時間　198
生物のモデル　6
積分器／微分器　65
零点　129
線形システム　83
線形性　74
速度-電圧相似　47
速度-電流相似　47

【タ】

たたみ込み積分　76
立ち上がり時間　198
ダッシュポット　33
調速器　1
直流モータ　55
抵抗コンデンサ系　43
抵抗，コンデンサ，コイル　42
伝達関数　89, 117
倒立振子　55
特性多項式　156

【ナ，ハ】

入出力関係　85
ニュートンの運動の3法則　3
ばねと質量　34
ばね-マス-ダッシュポット系　32
反転／非反転増幅器　61
ピーク応答時間　198
フィードバック制御系　175
ブロック線図　91
ブロック線図の信号の流れと等価変換　92
プロパー　155
閉ループ系の安定性　175
ベクトル軌跡　138
ヘビサイドの演算子法　71
偏角　162
変数推移　75
棒の回転　39
ポテンシャルエネルギー　57

【マ】

むだ時間系　131
モデリング　31

【ラ】

ラプラス変換　71
ローパスフィルタ　66
ロバスト安定性　170

<著者紹介>

古田　勝久(ふるた　かつひさ)
- 学　歴　東京工業大学大学院理工学研究科博士課程修了（1967年）
　　　　工学博士（1967年）
- 職　歴　東京工業大学工学部助教授（1970年）
　　　　東京工業大学工学部教授（1982年）
　　　　カリフォルニア大学バークレー校 Springer Professor（1997年）
　　　　東京電機大学理工学部教授（2000年）
　　　　東京工業大学名誉教授（2000年）
　　　　東京電機大学 21 世紀 COE プロジェクト推進室長（2003年）
　　　　東京電機大学理事（2004年）

畠山省四朗(はたけやましょうしろう)
- 学　歴　東京工業大学大学院理工学研究科博士課程満期退学（1980年）
　　　　工学博士（1982年）
- 職　歴　東京電機大学理工学部助教授（1986年）
　　　　東京電機大学理工学部教授（1993年）

野中謙一郎(のなかけんいちろう)
- 学　歴　東京工業大学大学院情報理工学研究科博士課程修了（1997年）
　　　　博士（工学）（1997年）
- 職　歴　武蔵工業大学工学部助手（1997年）
　　　　武蔵工業大学工学部講師（2000年）

モデリングとフィードバック制御
動的システムの解析

2001年5月10日　第1版1刷発行 2006年9月20日　第1版2刷発行	著　者　古田　勝久 　　　　畠山省四朗 　　　　野中謙一郎 　　　　　学校法人　東京電機大学 発行所　東京電機大学出版局 　　　　　代表者　加藤康太郎 　　　　〒101-8457 　　　　東京都千代田区神田錦町2-2 　　　　振替口座　00160-5- 71715 　　　　電話　(03)5280-3433(営業) 　　　　　　　(03)5280-3422(編集)
印刷　東京書籍印刷㈱ 製本　渡辺製本㈱ 装丁　鈴木　堯［タウハウス］	ⓒ Furuta Katsuhisa, Hatakeyama 　Shoshiro, Nonaka Kenichiro, 2001 Printed in Japan

＊無断で転載することを禁じます。
＊落丁・乱丁本はお取替えいたします。

ISBN4-501-32190-3　C-3055

Mathematica関連図書

Mathematica3による
工科の数学
田澤義彦 著
B5判　200頁　CD-ROM付　本体価格 2500円
Mathematica3を用いて工科系の大学で学ぶ数学の全体像を概観することを目的とする。実例に基づいた基本的な機能の解説を通して，工科系の数学が把握できるよう配慮した。

Mathematicaによる
電磁気学 第2版
川瀬宏海 著
B5判　252頁　CD-ROM付　本体価格 3700円
電磁気学の数学的モデルをMathematicaのグラフィックス機能を用いてわかりやすく解説。

Mathematicaによる
量子物理学
松本紳 著
B5判　224頁　CD-ROM付　本体価格 3200円
Mathematicaの数式処理機能とグラフィック機能を利用することにより，量子力学の難解な数学をわかりやすく解説した，はじめて量子力学を学ぶ人を対象とした書籍。

Mathematicaによる
メカニズム
小峯龍男 著
B5判　162頁　CD-ROM付　本体価格 3000円
「動くメカニズムの本」として，Mathematicaの演算・アニメーション機能を用い，数式と動作が視覚的に関連して理解できるよう配慮した。

Mathematicaで絵を描こう
中村健蔵 著
B5判　252頁　CD-ROM付　本体価格 3500円
グラフィックス能力の高い数式処理ソフトであるMathemaicaを画像作成ツールとして使用し，アーティスティックな絵を描く方法を紹介する。付属CD-ROMで絵の色や動きを楽しめる。

ファーストステップ Mathematica
数値計算からハイパーリンクまで
小峯龍男 著
B5判　160頁　本体価格 2000円
Mathematica3の新機能であるボタンとハイパーリンクを含め，初めての人のために視覚的にやさしく解説。

見る微分積分学
Mathematicaによるイメージトレーニング
井上真 著
A5判　264頁　CD-ROM付　本体価格 3300円
Mathematicaのグラフィックス表示やアニメーションの機能を用い，物事を学ぶ上で重要な概念を表現し，読者が自分のイメージを作るための場を提供する。

Mathematicaによる
プレゼンテーション
創作グラフィックス
川瀬宏海 著
B5判　262頁　CD-ROM付　本体価格 4000円
馴染みの少ない純関数や条件式およびパターン認識操作を行い，グラフィックスや彩色の操作を中心に，独自性のあるグラフィックス作成法をまとめた。

Mathematicaによる
材料力学
小峯龍男 著
B5判　168頁　CD-ROM付　本体価格 2900円
材料力学の問題解法の中で比較的多くの時間を占める式の展開や計算処理をMathematicaを用いることにより，理論を記述すれば解が求まるように，簡単に解説。

Mathematicaハンドブック
M.L.アベル/J.P.ブレイセルトン 共著
川瀬宏海/五島奉文/佐藤穂/田澤義彦 共訳
B5判　818頁　本体価格 5825円
多くのコマンドに関する豊富な実例が示してあり，計算結果や記号演算およびグラフィックス表示の機能が視覚的に理解できる。よりていねいな訳注によりわかりやすい訳を心がけた。

電子回路・半導体・IC

H8ビギナーズガイド

白土義男 著
B5変型判　248頁
日立製作所の埋込型マイコン「H8」の使い方と，プログラミングの基礎を初心者向けにやさしく解説。

たのしくできる
PIC電子工作
CD-ROM付

後閑哲也 著
A5判　190頁
PICを使ってとことん遊ぶための電子回路製作法とプログラミングのノウハウをやさしく解説。

第2版　図解Z80
マイコン応用システム入門
ハード編

柏谷英一／佐野羊介／中村陽一／若島正敏　共著
A5判　304頁
マイコンハードを学ぶ人のために，マイクロプロセッサを応用するための基礎知識を解説した。

第2版　図解Z80
マイコン応用システム入門
ソフト編

柏谷英一／佐野羊介／中村陽一　共著
A5判　304頁
MPUをこれから学ぼうとする人のために，基礎からプログラム開発までを解説した。

図解Z80
マシン語制御のすべて
ハードからソフトまで

白土義男 著
AB判　280頁　2色刷
入門者でも順に読み進むことで，マシン語制御について基本的な理解ができ，簡単なマイコン回路の設計ができるようになる。

ディジタル／アナログ違いのわかる
IC回路セミナー

白土義男 著
AB判　232頁
ディジタルICとアナログICで，同じ機能の電子回路を作り，実験を通して比較・観察する。

図解
ディジタルICのすべて
ゲートからマイコンまで

白土義男 著
AB判　312頁　2色刷
ゲートからマイコン関係のICまでを一貫した流れの中でとらえ，2色図版によって解説。

図解
アナログICのすべて
オペアンプからスイッチドキャパシタまで

白土義男 著
AB判　344頁　2色刷
オペアンプを中心とするアナログ回路の働きを，数式を避け出来るかぎり定性的に詳しく解説。

ポイントスタディ
新版　ディジタルICの基礎

白土義男 著
AB判　208頁　2色刷
左頁に解説，右頁に図をレイアウトし，見開き2頁で1テーマが理解できるように解説。ディジタルICを学ぶ学生や技術者の入門書として最適。

ポイントスタディ
新版　アナログICの基礎

白土義男 著
AB判　192頁　2色刷
見開き2頁で理解できる好評のシリーズ。特にアナログ回路は，著者独自の工夫が全て実測したデータに基づきくわしく解説されている。

＊定価，図書目録のお問い合わせ・ご要望は出版局までお願い致します。

東京電機大学出版局出版物ご案内

MATLABによる
制御理論の基礎
野波健蔵 編著
A5判 232頁
自動制御や制御工学のテキストを新しい観点からとらえて解説。特にロバスト制御の基礎概念となるモデル誤差や設計仕様について述べ、MATLABを活用した例題や練習問題を豊富に掲載。

MATLABによる
制御のためのシステム同定
足立修一 著
A5判 208頁
実際にシステム同定を利用する初心者の立場に立って、制御系設計のためのシステム同定理論の基礎を解説。理解の助けのためにMATLABのToolboxを用いた。

理工学講座
改訂 制御工学 上
深海 登世司／藤巻 忠雄 監修
A5判 246頁
制御工学初学者を対象に、ラプラス変換に基づくフィードバック制御理論を十分理解できるようできるだけ平易にわかりやすく解説。章末に演習問題をつけ、より実践的に理解を深められるよう工夫した。

初めて学ぶ
基礎 電子工学
小川鑛一 著
A5判 274頁
初めて学ぶ人のために、電子機器や計測制御機械などの動作が理解できるように、基礎的な内容をわかりやすく解説。

初めて学ぶ
基礎 制御工学 第2版
森 政弘／小川鑛一 共著
A5判 288頁
初めて制御工学を学ぶ人のために、多岐にわたる制御技術のうち、制御の基本と基礎事項を厳選し、わかりやすく解説したものである。

MATLABによる
制御系設計
野波健蔵 著
A5判 330頁
「MATLABによる制御理論の基礎」の応用編として、主要な制御系設計法の特徴と手順を解説し、実用的な視点からまとめた。制御理論と設計法をMATLABのプログラムを実行しながら理解できる。

MATLABによる
制御工学
足立修一 著
A5判 256頁
電気系学部学生のための制御工学テキスト。MATLABがなくても教科書に採用できるように構成した。

理工学講座
制御工学 下
深海登世司／藤巻 忠雄 著
A5判 156頁
制御工学を学んだ方を対象にシステムの入出力の特性のみならず、内部状態に着目するいわゆる現代制御理論を理解する入門教科書として最適の一冊である。

初めて学ぶ
基礎 ロボット工学
小川鑛一／加藤了三 共著
A5判 258頁
ロボットをこれから学ぼうとしている初学者に対し、ロボットとは何か、ロボットはどのような構造・機能を持ち、それを動かす方法はいかにあるべきかを平易に解説。

基礎 人間工学
小川鑛一 著
A5判 242頁
看護者が患者を看護・介助する際、良好な動作について人間工学の立場からやさしく解説。

＊定価、図書目録のお問い合わせ・ご要望は出版局までお願い致します。